KB131680

누구나 쉽게 성공하는 홈베이킹

1판 1쇄 인쇄 2018. 7. 31.
1판 1쇄 발행 2018. 8. 10.

지은이 에모조와
옮긴이 김유미

발행인 고세규
편집 김옥현 | 표지 디자인 이경희
본문 디자인 정해진(onmypaper)
발행처 김영사
등록 1979년 5월 17일(제406-2003-036호)
주소 경기도 파주시 문발로 197(문발동) 우편번호 10881
전화 마케팅부 031)955-3100, 편집부 031)955-3200 | 팩스 031)955-3111

값은 뒤표지에 있습니다. ISBN 978-89-349-8216-6 13590

홈페이지 www.gimmyoung.com 블로그 blog.naver.com/gybook
페이스북 facebook.com/gybooks 이메일 bestbook@gimmyoung.com

좋은 독자가 좋은 책을 만듭니다.
김영사는 독자 여러분의 의견에 항상 귀 기울이고 있습니다.

이 도서의 국립중앙도서관 출판예정도서목록(CIP)은 서지정보유통지원시스템 홈페이지(http://seoji.nl.go.kr)와
국가자료공동목록시스템(http://www.nl.go.kr/kolisnet)에서 이용하실 수 있습니다.(CIP제어번호 : CIP2018020682)

누구나 쉽게 성공하는 홈베이킹

에모조와 지음
김유미 옮김

김영사

TOKYO
PARIS

INTRO

2010년부터 파리에서 요리사(Cuisinier) 생활을 하고 있습니다.
오래 전, 요리에 첫발을 내딛고 일본의 레스토랑에 근무하던 시기에는
애피타이저와 디저트를 담당했습니다.
매일 디저트를 만들면서 제과에 흥미를 가졌고,
그때부터 다양한 책을 읽으며 베이킹에 더욱 빠져들게 되었지요.
풋내기 시절에는 깔끔하게 만들지 못하거나 실패하는 일도 종종 있었지만
성공할 때까지 몇 번이고 다시 도전했습니다.
이러한 경험을 통해 베이킹 초보자도 실패하지 않고
근사하게 만들 수 있는 비법을 담은 레시피를 많은 사람들에게 알려주고 싶다는
바람이 더 크게 생겼습니다.
2014년부터는 그동안 꿈꾸던 것들을 실현하기 위해 블로그와 유튜브 채널을
운영하기 시작했습니다.

〈누구나 쉽게 성공하는 홈베이킹〉에는 블로그에 소개되지 않았던
과정 하나하나를 세세하게 담았습니다.
초보자가 특히 실수하기 쉬운 부분과 성공을 위한 포인트 등도
자세하고 친절하게 알려드립니다.
실패를 거듭하며 배운 지식과 선배와 셰프들에게 전수받은
노하우도 빠짐없이 적었습니다.
베이킹을 처음 시작하는 초보부터 정통 디저트를 제대로 만들고 싶은 분까지
모두 이 책을 참고하여 달콤한 디저트를 만들게 된다면 저는 더없이
기쁠 것입니다.

에모조와

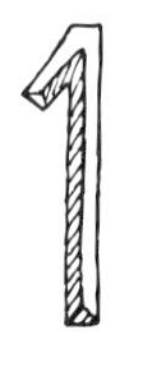

PART

화제의 인기 스위트

코코넛판나코타와 망고소스 12

바나나코코넛요구르트아이스크림 16

레몬머랭타르트 20

누가글라세 26

튀일덴텔 30

가토인비저블 32

바나나초콜릿인비저블 36

파블로바 38

가토매직 42

녹차팥티라미수 46

크렘브륄레 52

PART 2 꾸준히 사랑받는 대표 스위트

✳ 치즈케이크

뉴욕치즈케이크 60

레어치즈케이크 66

수플레치즈케이크 72

✳ 마카롱

녹차마카롱 78

✳ 슈크림

쿠키슈 86

✳ 초콜릿

가토쇼콜라 94

너트브라우니 100

퐁당쇼콜라 104

✳ 쿠키

화이트초콜릿마카다미아쿠키 110

더블초콜릿쿠키 114

✳ 과일 디저트

딸기밀푀유 120

체리클라프티 126

COLUMN

성공 노하우 준비와 계량이 중요 19

편리한 도구 거품기와 핸드믹서 51

성공 노하우 오븐의 기능별 사용법 65

성공 노하우 중탕으로 구우면 좋은 점 71

재료 알아보기 카소나드, 키비사토우, 그래뉴당, 슈가파우더 83

편리한 도구 케이크 틀과 무스 틀 99

편리한 도구 일본 요리용 칼 125

MINI COLUMN

판 젤라틴과 가루 젤라틴 15

레몬 그레이터 25

바닐라 엑스트랙트, 바닐라 에센스, 바닐라 빈, 바닐라 오일 35

프렌치 머랭, 이탈리안 머랭, 스위스 머랭 41

베이킹에 깊이를 더하는 술 50

실리콘 매트 81

베이킹소다와 베이킹파우더의 차이 113

체리 씨 제거기 129

이 책의 사용법

* 계량 단위는 1작은술 5㎖, 1큰술 15㎖ 기준입니다.
* 오븐의 굽는 시간은 대략적인 기준입니다. 틀의 크기와 깊이, 오븐의 종류에 따라 차이가 날 수 있으니 가지고 있는 오븐의 특성에 맞춰 시간을 조절하세요.
* 전자레인지는 600W 제품을 사용했습니다.

1 PART

화제의 인기 스위트

요즘 프랑스에서 유행하는 케이크와 일본에서 주목받는 디저트를 소개합니다.
제철 과일의 풍미와 재료 본연의 맛이 살아 숨 쉬는 아름다운 비주얼의 다양한 스위트를 만나보세요.
실패하지 않는 레시피를 알면 베이킹이 즐거워지고 하루하루가 더욱 달콤해질 것입니다.

COCONUT PANNA COTTA MANGO SAUCE

코코넛판나코타와 망고소스

코코넛판나코타와 망고소스

코코넛과 망고로 맛을 낸 여름 향기 가득한 판나코타.
판나(Panna)는 '생크림', 코타(Cotta)는 '익히다'라는 뜻으로
젤라틴으로 굳혀 만든 이탈리아식 푸딩을 말합니다.
생크림 대신 칼로리가 낮은 코코넛크림을 사용하여 다이어트에도 좋은 건강한 디저트를 완성했습니다.
젤라틴을 미리 불려 두면 10분 안에 만들 수 있습니다.
쉽고 간단하지만 맛은 깊고 진하지요.
병에 넣어 굳히고 그대로 테이블에 올려 즐기세요.

재료 [4인분]

판 젤라틴(또는 가루 젤라틴) 4g

＊ 판 젤라틴은 잠길 정도의 물, 가루 젤라틴은 물 1큰술을 넣고 불린다.

우유 250㎖
코코넛크림 150㎖

＊ 또는 코코넛밀크 250㎖+생크림 150㎖로 대체 가능.

설탕 40g

<망고소스>

망고(과육) 100g
물 2큰술
레몬즙 1큰술
설탕 10g

판나코타 만드는 법

1

볼에 판 젤라틴이 잠길 정도의 물을 붓고 불린다. 다른 볼에 우유, 코코넛크림, 설탕을 넣는다.

2

우유가 담긴 볼을 전자레인지에 넣고 2분 30초~3분 동안 따뜻하게 데운다. 젤라틴은 물을 버리고 전자레인지에 10~20초 정도 녹인다.

INFORMATION

코코넛크림은 코코넛 과육에서 추출한 액체로 코코넛밀크보다 지방분 함량이 높고 진하다. 코코넛크림의 지방분에는 에너지 대사를 돕는 중간사슬지방산이 풍부해 건강에 도움을 준다.

3

따뜻하게 데운 **2**의 볼에 녹인 젤라틴을 넣고 거품기로 골고루 섞는다.

4

유리병에 나눠 담고 냉장실에서 4시간 동안 굳힌다.

망고소스 만드는 법

1

망고는 주사위 모양으로 작게 썬다.

2

볼에 망고, 물, 레몬즙을 넣는다.

3

설탕을 넣고 가볍게 섞은 뒤 전자레인지에서 1분 30초~2분 동안 가열한다.

4

숟가락으로 살짝 눌러가며 으깨 망고소스를 만들고 냉장실에 넣어 식힌다.

POINT

작게 썬 망고를 살짝 눌러 으깨면 체로 거를 필요 없이 간단하게 소스를 만들 수 있고, 신선한 망고 과육도 즐길 수 있다. 망고 대신 파인애플, 키위, 딸기 등을 활용해도 맛있다.

완성

1

판나코타가 단단하게 굳으면 망고소스와 함께 냉장실에서 꺼낸다.

2

판나코타 위에 망고소스를 적당량 올린다.

MINI COLUMN **판 젤라틴과 가루 젤라틴**

젤라틴은 판 형태와 가루 형태가 있으며 굳힌 뒤 투명도, 응고력에는 차이가 없습니다. 가루 젤라틴은 젤라틴 양의 4~5배 가량 물을 부어 불린 다음 불린 물과 함께 녹입니다. 판 젤라틴은 잠길 정도의 물에 담가 불리고 가볍게 물기를 털어낸 다음 녹여서 사용합니다. 판 젤라틴은 물에 넣을 때는 1장씩 비스듬히 넣어서 겹치지 않도록 주의하세요.

BANANA AND COCONUT YOGURT ICE CREAM

바나나코코넛요구르트아이스크림

RECIPE

2

바나나코코넛 요구르트아이스크림

바나나로 손쉽게 만드는 맛있는 수제 아이스크림.
건강한 맛의 요구르트아이스크림에
바나나와 찰떡궁합인 코코넛크림을 넣어 맛과 향을 더했어요.
코코넛크림이 없을 때는 생크림을 사용해도 좋습니다.
푸드 프로세서를 사용하면 식감이 한결 부드러워지지요.
컵 또는 아이스크림콘에 넣고 쿠키를 곁들이거나
취향에 맞춰 다양한 방법으로 장식해 보세요.

재료 [6인분]

바나나 2개
꿀 40g
무가당 플레인 요구르트 200g
코코넛크림(또는 생크림) 100㎖

만드는 법

1

볼에 작게 썬 바나나를 담고 꿀을 넣는다.

2

바나나는 포크로 곱게 으깬다.

3

플레인 요구르트, 코코넛크림을 넣고 골고루 섞은 다음 냉동실에 넣는다.

4

2시간 뒤 냉동실에서 꺼내 포크로 골고루 섞은 다음 다시 얼린다. 단단해질 때까지 2회 반복한다.

5

6시간 정도 굳힌 뒤 포크로 골고루 섞는다.

6

푸드 프로세서에 넣고 섞으면 식감이 더 부드러워진다.

7

용기에 평평하게 펼쳐 넣는다.

POINT

이 상태에서 먹어도 맛있지만 기호에 따라 냉동실에 넣고 1~2시간 정도 굳혀 먹어도 좋다.

8

완성되면 아이스크림 스쿱으로 떠서 컵 또는 콘에 담는다.

COLUMN

성공 노하우

준비와 계량이 중요

1 베이킹의 기본은 준비

깨끗한 도구, 틀, 유산지, 짤주머니, 깍지, 재료의 계량 등 만들기 전에 필요한 것을 모두 준비해야 합니다. 베이킹은 타이밍이 중요하기 때문입니다. 예를 들어, 스펀지케이크 반죽을 만든 뒤 틀에 유산지를 깔거나 오븐 예열을 시작하면 그 사이에 반죽의 거품이 점점 꺼져 최상의 상태일 때 구울 수 없게 됩니다.
청결한 도구를 사용하는 것은 위생뿐만 아니라 베이킹의 성공을 결정짓는 중요한 포인트입니다. 특히 기름기는 머랭 만들기의 최대 방해 요소입니다. 머랭을 만들 때는 스테인리스 또는 유리 소재의 볼을 사용하는 것이 좋아요. 플라스틱으로 만든 볼은 아무리 깨끗이 씻어도 기름기가 남아 있는 경우가 있습니다. 기름기가 남아 있으면 열심히 달걀흰자를 휘핑해도 머랭이 만들어지지 않지만 깨끗한 도구를 사용하면 손쉽게 머랭을 만들 수 있습니다.

2 베이킹은 정확한 계량이 필수

재료의 비율에 따라 결과물의 성패가 좌우되기 때문에 요리처럼 적당한 분량의 재료로 맛을 봐가며 만드는 것은 불가능합니다. 만들기 전에 필요한 재료가 모두 있는지 확인하고 분량을 정확히 계량합니다.
저울은 1g 단위까지 표시되는 전자저울이 좋습니다. 없을 때는 비교적 눈금이 정확한 눈금저울을 사용하세요. 1큰술, 1작은술 등의 작은 분량도 정확히 계량해야 합니다.

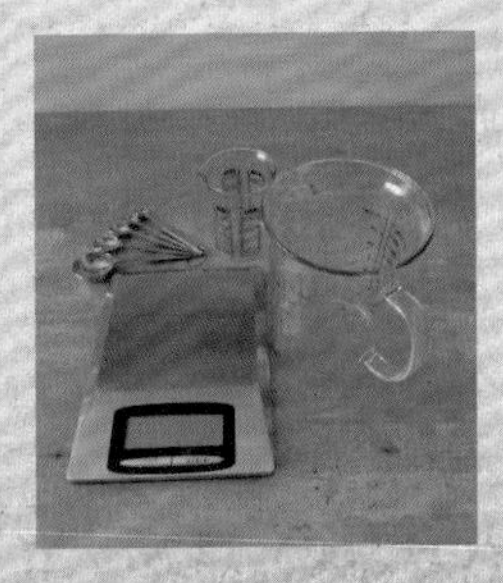

저울, 계량스푼, 계량컵(왼쪽 아래부터 시계방향).
저울은 1g 단위로 표시되는 전자저울을 준비.

LEMON MERINGUE TART

레몬머랭타르트

RECIPE

3

레몬머랭타르트

프랑스에서도 꾸준히 사랑받는 타르트.
레몬 커드의 새콤함, 바삭한 타르트와 부드러운 스위스 머랭의 식감이 조화로워
자꾸만 손이 가는 중독성이 있는 디저트입니다.
타르트 반죽은 여러 종류가 있는데 여기에서는 파트 슈크레를 활용했어요.
파트(Pâte)는 '밀가루로 만든 반죽', 슈크레(Sucre)는 '설탕'이라는 뜻으로,
이름처럼 달고 가볍게 바스러지는 식감을 가진 타르트 반죽을 말합니다.
이 타르트 위에 중탕하면서 거품을 만드는 스위스 머랭을 올렸습니다.
스위스 머랭은 거품이 단단하고 쫀쫀해서
마치 마시멜로처럼 입안에서 부드럽게 녹아내립니다.
머랭을 토치로 노릇하게 그을려 장식하면 보기에 좋을 뿐만 아니라
달콤한 향이 더해져 맛이 더욱 풍성해지지요.

재료 [18㎝ 타르트 틀 1개]

<파트 슈크레>

무염버터 60g
설탕 50g
달걀 ½개(25g)
박력분 125g

<레몬 커드>

레몬 2개
그래뉴당 120g
달걀노른자 2개
옥수수 전분 30g
우유 200㎖
무염버터 50g

<스위스 머랭>

달걀흰자 2개 분량
그래뉴당 100g
바닐라 엑스트랙트 1큰술
(또는 바닐라 에센스 4~5방울)

파트 슈크레 만드는 법

1

볼에 실온 상태의 무염버터를 넣고 주걱으로 부드럽게 푼다.

2

1에 설탕을 넣고 골고루 섞는다.

3

2에 달걀을 넣고 섞는다.

* 달걀은 실온 상태로 준비한다. 달걀이 차가우면 버터가 단단하게 굳어 분리될 수 있다.

4

체로 친 박력분을 **3**에 넣고 가볍게 섞는다.

5

반죽을 한 덩어리로 뭉친다.

6

랩으로 반죽을 감싸 납작하게 누른 뒤 냉장실에서 2시간 이상 휴지시킨다.

7

반죽이 부드러워지도록 살짝 주물러 편 다음 박력분(분량 외)을 조금씩 흩뿌린다.

8

밀대로 둥글게 밀어 편다.

밀대로 반죽을 살살 감아 반죽을 뒤집거나 틀 위로 옮긴다.

타르트 틀보다 3㎝ 정도 크게 밀어 편다.

POINT

9

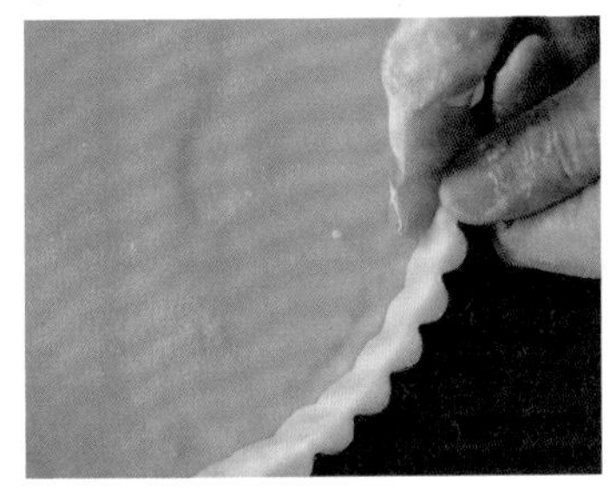

반죽을 타르트 틀에 넣고 눌러 붙인다.

타르트 틀의 옆면에 반죽을 살살 눌러가며 빈틈없이 붙이는 것이 포인트.

10

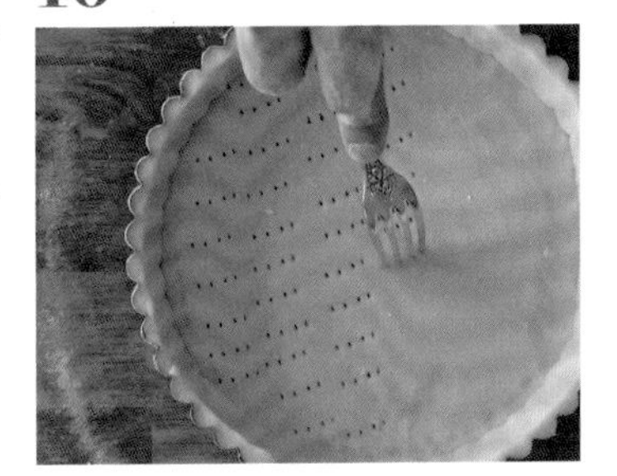

포크로 바닥에 골고루 구멍을 낸다.

11

반죽 위에 알루미늄 포일을 깔고 누름돌(또는 콩이나 쌀)을 올린다.

12

170℃로 예열한 오븐에서 15분 구운 뒤 누름돌을 채운 알루미늄 포일을 제거하고 15분 더 굽는다. 이때, 남은 반죽은 좋아하는 모양으로 만든 다음 옆에 올려 쿠키로 구워도 좋다.

13

타르트 완성.

레몬 커드 만드는 법

1

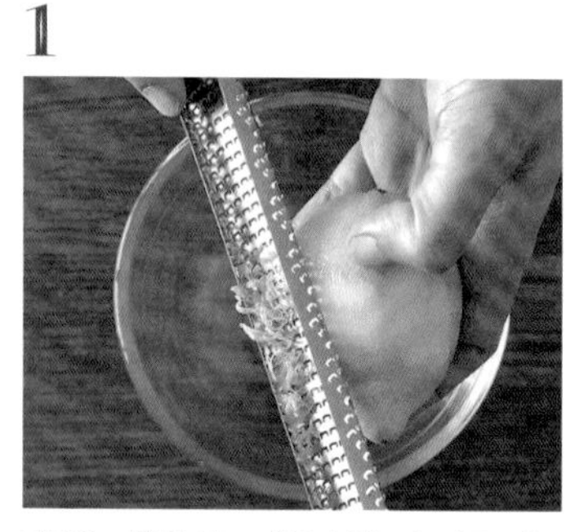

레몬은 띠뜻한 물로 깨끗이 씻는다. 레몬 1개는 그레이터로 껍질을 갈아 레몬제스트를 만든다.

2

모든 레몬은 반으로 자른 뒤 숟가락을 찔러 넣고 아래위로 움직여가며 레몬즙을 짠다. 100㎖의 레몬즙을 준비한다.

3

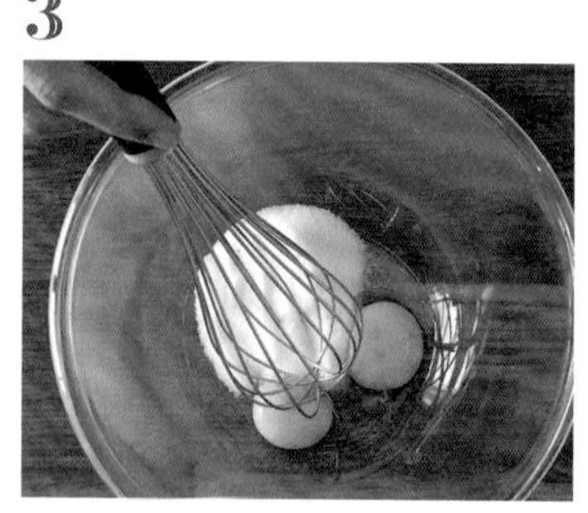

볼에 그래뉴당 분량의 ½과 달걀노른자를 넣고 거품기로 휘핑한다.

4

옅은 아이보리색이 되면 옥수수 전분을 넣고 섞는다.

5

4의 볼에 우유와 나머지 그래뉴당을 넣고 섞는다.

6

냄비에 **5**를 넣고 중간 불에서 주걱으로 골고루 저어가며 끓인다.

7

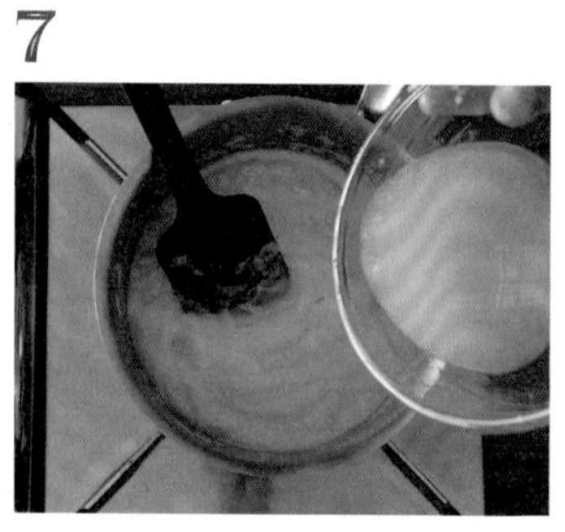

약간 되직해지면 불을 끄고 레몬제스트, 레몬즙을 넣는다.

8

약한 불에서 바닥이 눌어붙지 않도록 주걱으로 저어가며 가열한다. 끓어오르면 계속 저으며 1분간 끓인다.

9

차가운 무염버터를 넣고 저어가며 녹인다.

스위스 머랭 만드는 법

10

냄비째 한 김 식힌 다음 틀을 빼지 않은 타르트 안에 평평하게 채우고 냉장실에서 굳힌다.

1

볼에 달걀흰자, 그래뉴당을 넣고 50℃가 될 때까지 중탕하며 거품기로 휘핑한다.

POINT

온도계가 없는 경우 달걀흰자의 끈기가 사라지고 가볍게 섞일 때까지 따뜻하게 중탕한다.

2

따뜻해지면 중탕을 멈추고 핸드믹서로 휘핑하여 단단한 머랭을 만든 뒤 바닐라 엑스트랙트를 넣는다.

완성

1

짤주머니에 머랭을 넣고 타르트 위에 동그랗게 짠다.

2

토치로 머랭을 노릇하게 그을린다.

.. 2

* 토치가 없을 때는 오븐 토스터에 넣고 가장 센 불에서 윗면이 노릇해질 때까지 굽는다. 머랭을 그을리지 않고 그대로 먹어도 맛있다.

MINI COLUMN **레몬 그레이터**

레몬 껍질을 가는 도구입니다. 마이크로 플레인사의 푸드 그레이터는 레몬 이외에 생강같이 섬유질이 많은 재료도 손쉽게 갈 수 있고, 치즈도 곱게 갈려 유용합니다.

NOUGAT GLACE

누가글라세

누가글라세

누가(Nougat)는 머랭과 설탕, 견과류 등으로 만든,
캐러멜보다 보드라운 식감의 새하얀 남프랑스 대표 디저트입니다.
글라세(Glace)는 '얼리다'라는 의미로
누가글라세는 누가를 얼린 프랑스 아이스크림을 말하지요.
빙과류라서 주로 레스토랑 디저트로 제공되며,
제과점에서는 찾아보기 힘듭니다.
아이스크림을 만들려면 보통 아이스크림 기계나 푸드 프로세서가 필요하고,
수제 아이스크림의 경우 냉동실에 넣고 얼리며
중간중간 뒤섞는 작업을 반복해야 합니다.
그러나 누가글라세는 누가를 그릇이나 유리병에 담고
냉동실에 넣어 얼리기만 하면 완성입니다.
꿀로 만든 이탈리안 머랭을 넣어 식감이 폭신폭신하며
천연의 향과 달콤함은 살아 있는 매력적인 디저트입니다.

재료 [6인분]

그래뉴당 25g
물 1큰술
아몬드 25g
생크림 200㎖
꿀 70g
달걀흰자 2개 분량

만드는 법

1

팬에 그래뉴당과 물을 넣고 센 불로 가열한다. 물이 끓어오르면 중간 불로 줄인다.

2

살짝 갈색을 띠기 시작하면 아몬드를 넣고 아주 약한 불로 줄인다.

3

캐러멜색이 되면 불을 끈다.

4

유산지 위에 아몬드를 펼쳐 올린다.

5

완전히 식으면 칼로 잘게 다져 누가틴을 완성한다.

INFORMATION

견과류를 캐러멜 시럽에 버무린 것을 프랑스어로 누가틴(Nougatine)이라고 한다.

6

볼에 생크림을 넣고 핸드믹서로 80~90% 정도 휘핑한 뒤 냉장실에 넣는다.

7

냄비에 꿀을 넣고 약 115℃까지 끓인다. 온도계가 없을 때는 끓어오르면 중간 불에서 20초 정도 더 끓인다.

부글부글 거품이 생길 때까지 가열한 뒤 불을 끈다.

8

볼에 달걀흰자를 넣고 휘핑한다.

9

작은 거품이 생기면 **7**의 꿀을 조금씩 흘려 넣으며 핸드믹서로 휘핑한다.

* 꿀이 핸드믹서의 날에 부딪혀 튀지 않도록 주의하며 볼의 옆면으로 조금씩 흘려 넣는다.

10

머랭이 매끄러운 상태가 될 때까지 휘핑한 뒤 실온에서 식힌다.

* 핸드믹서로 머랭을 들어 올렸을 때 가운데 뾰족한 뿔 모양이 생길 때까지 휘핑한다.

11

10의 머랭에 **6**의 생크림을 넣고 가볍게 섞는다.

12

5의 누가틴을 넣고 섞는다.

13

작은 유리병, 램킨, 무스 틀 등에 넣고 냉동실에서 하룻밤 동안 얼린다.

완성

튀일덴텔(파삭파삭한 식감의 얇은 쿠키-만드는 법 p.30)과 잘게 다진 피스타치오를 올려 장식하면 고소한 풍미를 더할 수 있다.

튀일덴텔

프랑스어로 튀일(Tuile)은 '기와', 덴텔(Dentelle)은 '레이스'를 의미합니다.
튀일덴텔은 뒷면이 비칠 정도로 얇은 쿠키입니다.
디저트 장식 또는 커피나 홍차에 곁들이는 티 푸드로,
파삭하고 부서지는 가벼운 식감과 견과류의 고소함을 만끽할 수 있습니다.

재료 [손바닥 크기 15개]

박력분 15g
설탕 60g
물 1⅔큰술
무염버터(또는 식용유) 녹인 것 30g
견과류(피스타치오 등) 다진 것 30g

1

볼에 체로 친 박력분, 설탕을 넣고 거품기로 골고루 섞는다.

2

1에 물을 넣고 섞는다.

3

2에 무염버터를 넣고 골고루 섞는다.

4

3에 견과류를 넣고 섞는다.

5

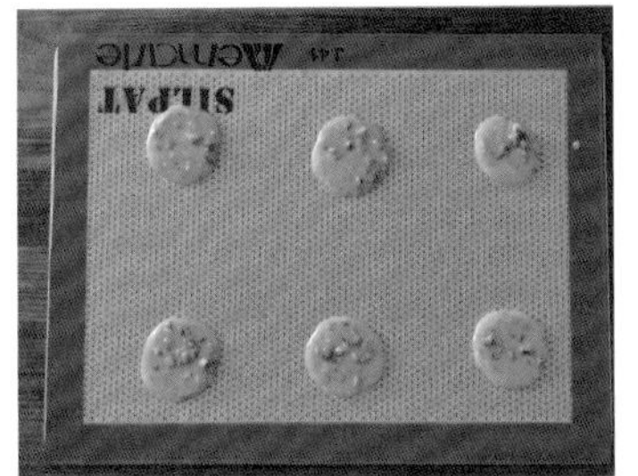

실리콘 매트 또는 유산지 위에 숟가락으로 반죽을 일정한 양으로 나눠 올린다.

POINT

반죽을 동그랗게 펼치지 않아도 굽는 동안 자연스럽게 퍼진다. 2배로 커지므로 오븐 팬에 6개 정도만 올려 굽는 것이 좋다. 크게 구운 다음 원하는 크기로 잘라도 된다.

6

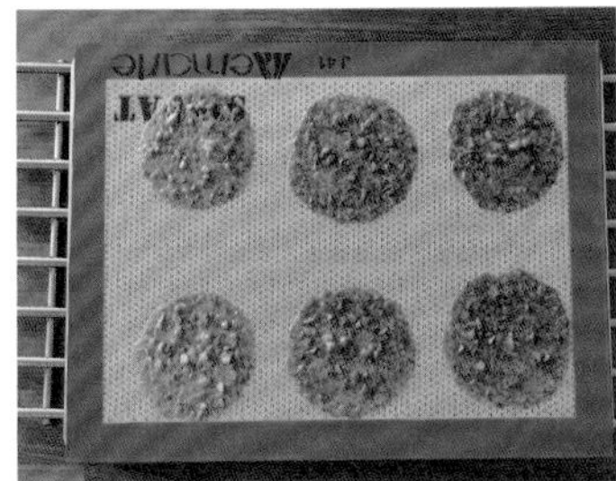

170~180℃로 예열한 오븐에 넣고 고소한 향이 나고 갈색빛이 될 때까지 8~10분 동안 굽는다.

7

오븐에서 꺼내 실온에서 완전히 식힌 뒤 튀일이 단단하게 굳으면 실리콘 매트에서 떼어낸다.

GATEAU INVISIBLE AUX POMMES

가토인비저블

가토인비저블

프랑스에서 건너온 디저트 가토인비저블. 2015년 프랑스 서점에는
이 레시피를 소개한 책이 가득할 만큼 선풍적인 인기를 얻었습니다.
프랑스어로 가토(Gâteau)는 '케이크', 인비저블(Invisible)은 '보이지 않음'을 뜻해요.
슬라이스한 사과를 듬뿍 넣어 만드는데, 굽고 나면 사과와 반죽이
하나로 어우러져 보이지 않게 된다는 이유로 이런 이름이 붙었습니다.
케이크의 단면에 사과가 층층이 쌓여 아름다운 비주얼을 자랑합니다.
프랑브와즈(라즈베리)같이 산미가 있는 과일로 장식하면 좋습니다.
또한 바나나와 초콜릿을 사용하면 계절에 상관없이
멋스럽게 장식할 수 있습니다.

재료 [18×8㎝ 파운드케이크 틀 1개]

달걀 2개
그래뉴당 50g
무염버터 녹인 것 20㎖
바닐라 엑스트랙트 1큰술(또는 바닐라 에센스 4~5방울)
우유 100㎖
소금 약간
박력분(또는 중력분) 70g
사과 3개
프랑브와즈·레몬 슬라이스·민트잎 적당량씩

만드는 법

1

볼에 달걀, 그래뉴당을 넣고 거품기로 골고루 섞는다.

2

1의 볼에 무염버터, 바닐라 엑스트랙트를 넣고 섞는다.

3

우유, 소금을 넣고 섞는다.

POINT

우유가 차가우면 무염버터가 굳을 수 있으니 체온 정도의 온도로 데워둔다.

4

박력분을 체로 쳐가며 넣는다.

5

덩어리지지 않도록 거품기로 골고루 섞는다.

6

사과는 껍질을 벗기고 가운데 심지를 제거한다.

7

사과를 얇게 슬라이스한다.

* 과육 400~450g을 준비.

8

5의 볼에 사과를 넣고 뭉치지 않도록 골고루 뒤섞어 주며 사이사이에 반죽을 묻힌다.

9

파운드케이크 틀에 유산지를 깔고 사과가 층층이 쌓이도록 반죽을 넣은 뒤 170℃로 예열한 오븐에서 45분 동안 굽는다.

POINT

굽는 사이에 윗면이 타거나 색이 진해지면 알루미늄 포일로 윗면을 덮어준다. 구운 뒤 실온에서 열기를 빼고 냉장실에 넣어 차갑게 식힌다.

완성

기호에 따라 프랑브와즈, 레몬 슬라이스, 민트 잎을 올려 장식한다.

반죽 가운데 프랑브와즈를 넣어도 좋다.

MINI COLUMN

바닐라 엑스트랙트, 바닐라 에센스, 바닐라 빈, 바닐라 오일

프랑스에서는 바닐라 향을 첨가할 때 주로 바닐라 엑스트랙트를 사용합니다. 바닐라 엑스트랙트는 알코올에 인공 향료 등을 넣지 않고 바닐라 빈을 담가 향을 우려낸 것으로 바닐라 에센스보다 농도가 옅기 때문에 작은술 또는 큰술로 계량해 넣습니다.

바닐라 에센스는 바닐라 향 성분을 추출해 알코올(주로 에탄올)에 넣은 것으로, 고가의 바닐라 빈 대신 인공향료를 넣어 만드는 경우가 많습니다.

바닐라 빈은 바닐라 열매를 꼬투리째 발효, 건조한 향신료의 일종이지요. 종종 볼 수 있는 바닐라 오일은 이름처럼 오일에 바닐라 향 성분을 첨가한 것으로 에센스와 동일하게 인공향료를 넣어 만듭니다.

에센스와 오일은 농도가 진해 몇 방울만 넣어도 충분히 바닐라 향을 낼 수 있습니다. 바닐라 에센스는 아이스크림이나 무스처럼 열을 가하지 않고 만드는 디저트에 사용하고, 바닐라 오일은 열을 가해도 향이 날아가지 않아 구움과자 등을 만들 때 사용합니다.

GATEAU INVISIBLE BANANE ET CHOCOLAT

바나나초콜릿인비저블

바나나와 초콜릿으로 만든 달콤한 케이크입니다.
코코넛밀크를 더해 한층 더 진한 풍미를 선사합니다.

RECIPE

6

바나나초콜릿인비저블

재료 [18×8㎝ 파운드케이크 틀 1개]

달걀 2개
그래뉴당 50g
무염버터 녹인 것 20㎖
코코넛밀크(또는 우유) 100㎖
바닐라 엑스트랙트 1큰술(또는 바닐라 에센스 4~5방울)
소금 약간
박력분(또는 중력분) 70g
바나나 3~4개
블랙초콜릿 60g
코코넛 슬라이스 약간

만드는 법 * 반죽 만드는 방법은 가토인비저블의 과정 1~5(p.34)와 같다.

1

바나나는 얇게 슬라이스 한다.

* 바나나 과육 400~450g을 준비.

2

반죽에 바나나를 넣고 골고루 섞는다.

3

파운드케이크 틀에 유산지를 깔고 바나나가 층층이 쌓이도록 **2**의 ½ 분량을 넣은 다음 블랙초콜릿을 넣는다.

4

2의 나머지 반죽을 넣고 170℃로 예열한 오븐에서 45분 동안 굽는다.

POINT

굽는 사이에 윗면이 타거나 색이 진해지면 알루미늄 포일로 덮는다. 구운 뒤 실온에서 열기를 빼고 냉장실에 넣어 차갑게 식힌다.

완성

기호에 따라 바나나, 코코넛 슬라이스, 블랙초콜릿을 장식으로 올린다.

PAVLOVA

파블로바

RECIPE

7

파블로바

호주 또는 뉴질랜드에서 처음 만들었다고 전해지는
오세아니아 전통 머랭케이크입니다.
일본에서는 그리 즐겨 먹지 않지만 오세아니아에서는
한여름의 크리스마스에 빠지지 않고 등장합니다.
머랭, 생크림, 제철 과일로 만들며 겉은 바삭하고 속은 부드러운 식감이 특징이지요.
버터를 넣지 않아 맛이 가볍고 달콤하며
달걀흰자만으로 만드는 레시피라 알아 두면 꽤 유용합니다.

재료 [지름 15cm 1개]

달걀흰자 2개 분량(60g)
그래뉴당 100g
바닐라 에센스 약간
레몬즙(또는 식초) 1작은술
옥수수 전분 1작은술
생크림(또는 식물성 휘핑크림) 150mℓ
그래뉴당 1작은술
과일(딸기 · 블루베리 · 프랑브와즈) 등 150g
* 새콤달콤한 과일을 추천.

만드는 법

1

볼에 달걀흰자를 넣고 핸드믹서로 휘핑한다.

2

살짝 거품이 올라오면 그래뉴당 분량의 ⅓을 넣고 휘핑해 머랭을 만든다.

POINT

당분이 한꺼번에 많이 들어가면 거품을 올리는 데 시간이 오래 걸릴 수도 있기 때문에 ⅓ 분량씩 나눠 넣는다.

3

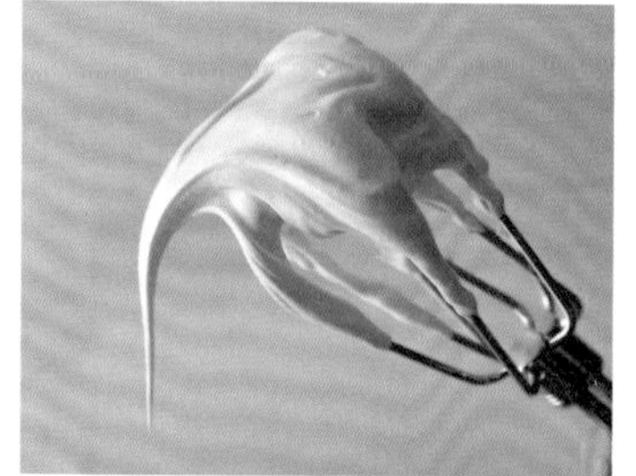

나머지 그래뉴당을 2회 나눠 넣으며 끝이 살짝 휘어지는 단단한 머랭이 될 때까지 휘핑한다.

4

바닐라 에센스, 레몬즙을 넣고 섞는다.

5

옥수수 전분을 넣고 섞는다.

6

오븐은 130℃로 예열한다. 유산지 위에 지름 15㎝ 너비로 둥글게 머랭을 올린다.

7

130℃로 예열한 오븐에서 희미하게 갈색빛이 날 때까지 1시간 동안 굽는다.

8

꺼내어 실온에서 식힌다.

완성

1

딸기는 세로로 4등분한다.

2

볼에 생크림, 그래뉴당을 넣고 휘핑한다.

3

구워서 식힌 머랭 위에 휘핑한 생크림을 듬뿍 올린다.

4

과일을 멋스럽게 올린다.

* 기호에 따라 민트 잎을 올려도 좋다.

MINI COLUMN 프렌치 머랭, 이탈리안 머랭, 스위스 머랭

따뜻한 물에 중탕하며 거품을 올리는 스위스 머랭. 중탕하면 끈기가 있는 머랭이 만들어집니다.

머랭은 달걀흰자에 설탕을 넣고 거품을 낸 것으로, 만드는 법이 다양합니다. 가장 보편적인 방법은 파블로바에 사용한 프렌치 머랭입니다. 달걀흰자에 설탕을 조금씩 나눠 넣으며 거품이 단단해질 때까지 휘핑합니다.

레몬타르트에는 주로 이탈리안 머랭을 만듭니다. 가볍게 거품 올린 달걀흰자에 120℃로 끓인 시럽을 조금씩 흘려 넣으며 거품이 단단해질 때까지 휘핑합니다. 여기에 소개된 레몬타르트는 스위스 머랭으로 만들었습니다. 스위스 머랭은 달걀흰자와 설탕을 섞고 50℃가 될 때까지 따뜻하게 중탕하며 휘핑한 뒤 거듭 거품을 올려 머랭을 만드는 방법입니다.

GATEAU MAGIQUE

가토매직

가토매직

반죽을 틀에 채우고 구우면 저절로 레이어가 생기는 마법의 케이크입니다.
하나의 케이크에서 플랑, 커스터드, 스펀지의 식감을 모두 즐길 수 있습니다.
가토매직은 스페인에 인접한 프랑스 랑드 지방의 전통 과자 미야스(Millas)에서 유래되었습니다.
맨 밑의 플랑은 푸딩과 비슷한 식감으로 우유, 달걀, 밀가루로 만들고,
중간의 커스터드는 머랭과 달걀노른자 반죽이 알맞게 섞인 부분이며,
가장 위의 스펀지는 대부분 머랭으로 이루어져 있습니다.
재료를 섞고 구울 때는 약간의 노하우가 필요합니다.
그러나 익숙한 재료를 사용하며 만드는 방법도 간단하니 꼭 만들어 보길 바랍니다.

재료 [15㎝ 원형 틀 1개]

달걀노른자 3개
설탕 60g
물 1큰술
무염버터 녹인 것 90g
박력분 90g
바닐라 엑스트랙트 1작은술(또는 바닐라 에센스 2~3방울)
소금 약간
우유 375㎖

<머랭>

달걀흰자 3개 분량
설탕 30g

만드는 법

1

볼에 달걀노른자, 설탕, 물을 넣고 아이보리 색이 될 때까지 거품기로 휘핑한다.

머랭에 사용할 달걀흰자는 볼에 담아 냉동실에 넣어둔다. 차갑게 보관하면 휘핑했을 때 입자가 일정하고 촘촘한 거품이 만들어져 푸석해지지 않는다.

과정 1에서 물 1큰술을 넣으면 달걀노른자와 설탕이 잘 섞여 자발리오네(노른자크림)처럼 거품 내기 쉬워진다.

2

무염버터를 넣는다.

3

체로 친 박력분을 넣고 섞는다.

4

바닐라 엑스트랙트와 소금을 넣고 골고루 섞는다.

5

실온에 둔 우유를 넣고 섞는다.

6

머랭용 달걀흰자를 볼에 넣고 핸드믹서로 휘핑한다.

머랭을 만들 때는 반드시 깨끗한 도구를 사용한다. 유분은 머랭 최대의 적이다. 기름기가 묻어있으면 아무리 휘핑해도 거품이 올라오지 않는다.

과정 1에서 5까지는 손거품기를 사용하고 머랭을 만들 때는 핸드믹서를 쓰면 핸드믹서 날에 기름기가 묻을 염려가 없어 실패를 줄일 수 있다.

7

어느 정도 작은 거품이 올라오면 설탕을 넣고 빠르게 휘핑한다.

8

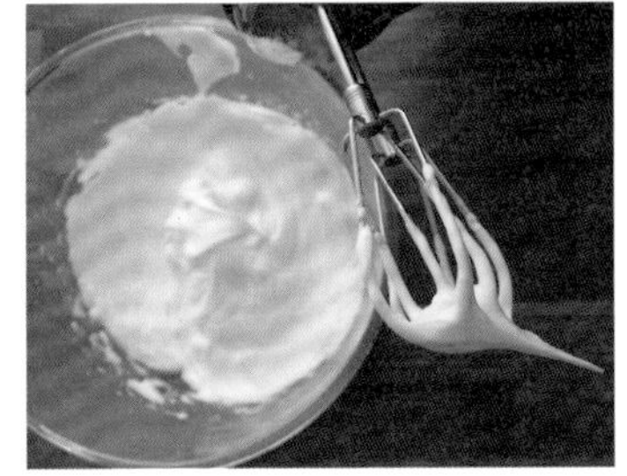

핸드믹서로 머랭을 들어 올렸을 때 가운데 뾰족한 뿔 모양이 생길 정도로 단단하게 휘핑한다.

9

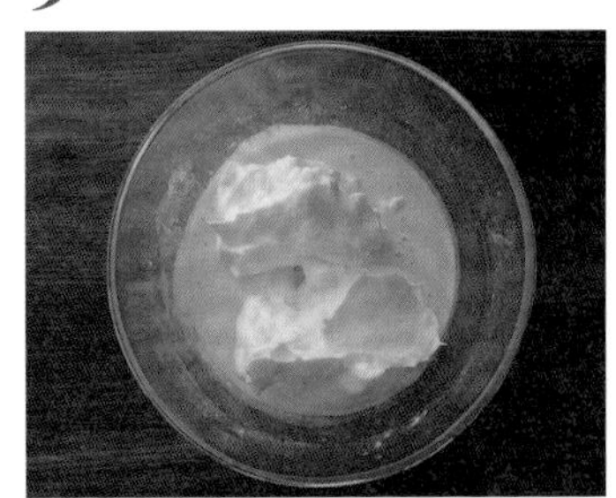

5의 볼에 단단하게 휘핑한 머랭을 전부 넣는다.

10

거품기로 가볍게 섞는다.

* 이때, 많이 섞지 않는 것이 가장 중요하다! 머랭이 달걀노른자 반죽 위에 떠 있는 채로 구워져야 케이크 윗부분에 스펀지 층이 만들어진다.

11

반죽 위에 떠 있는 머랭과 반죽을 아주 가볍게 섞는다는 느낌으로 힘을 빼고 거품기를 살살 움직인다.

12

틀에 녹인 버터(분량 외)를 바르거나 유산지를 깔고 반죽을 채운다. 주걱으로 윗면을 평평하게 펼친다.

* 분리형 틀은 반죽이 새어 나올 수 있으니 사용하지 않는다.

13

150℃로 예열한 오븐에서 50분 동안 굽는다.

14

완성되면 실온에서 2~3시간 식힌 다음 틀을 뒤집어 케이크를 꺼낸다.

* 바로 먹어도 좋고, 냉장실에서 차갑게 식혀 먹어도 맛있다.

MATCHA TIRAMISU WITH AZUKI

녹차팥티라미수

녹차팥티라미수

티라미수는 원래 사보이아르디(Savoiardi)라는
스펀지 반죽에 에스프레소와 리큐르를 듬뿍 적시고,
마스카르포네로 만든 크림을 올려 차갑게 식힌 다음 윗면에 코코아파우더를 뿌려 만듭니다.
에스프레소 대신 녹차와 팥을 넣으면 일본식 풍미를 더할 수 있지요.
달걀을 별립법으로 휘핑하고 바삭하게 구운 사보이아르디는
레이디핑거(Ladyfinger)라고도 부르며 손가락처럼 긴 막대 모양이 특징입니다.
시판하는 제품을 이용할 수도 있지만 여기에서는 직접 만드는 방법을 소개합니다.
달걀노른자와 흰자를 따로따로 휘핑한 뒤 섞으면 쉽게 퍼지지 않는
단단한 반죽이 만들어져 원하는 형태로 자유롭게 짤 수 있습니다.
크림에 사용된 자발리오네는 달걀노른자, 설탕, 술로 만들며
요리의 소스로도 활용 가능합니다.

재료 [4~5개]

물 500㎖
팥 50g
설탕 30g
소금 약간

<사보이아르디>

달걀노른자 1개
그래뉴당 12g
달걀흰자 1개 분량
그래뉴당 12g
박력분 25g
녹차가루 1작은술
물 150㎖

<크림>

달걀노른자 3개
마르살라주(또는 브랜디 등의 술) 2큰술
물 1큰술
그래뉴당 30g
마스카르포네 250g
달걀흰자 2개 분량
그래뉴당 30g

팥 삶는 법

1

냄비에 물, 팥을 넣고 바글바글 끓어오르면 물만 따라 버린다. 새로운 물을 넣고 살짝 끓는 상태를 유지하며 1시간 동안 삶는다.

삶는 동안 팥이 계속 물에 잠겨있도록 수분이 증발할 때마다 그만큼의 물을 더 부어 준다.

2

팥이 완전히 무르게 익으면 설탕, 소금을 넣는다. 수분을 날려가며 조린 뒤 그대로 실온에서 식힌다.

사보이아르디 만드는 법

1

볼에 달걀노른자, 그래뉴당을 넣고 아이보리색이 될 때까지 거품기로 휘핑한다.

2

다른 볼에 달걀흰자, 그래뉴당을 넣고 거품기로 단단하게 휘핑한다.

3

2의 머랭에 **1**을 넣는다.

4

주걱으로 골고루 섞는다.

5

박력분을 체로 쳐가며 넣는다.

6

반죽을 주걱으로 가볍게 섞는다.

* 이때, 너무 많이 섞으면 반죽이 묽어지니 주의한다.

7

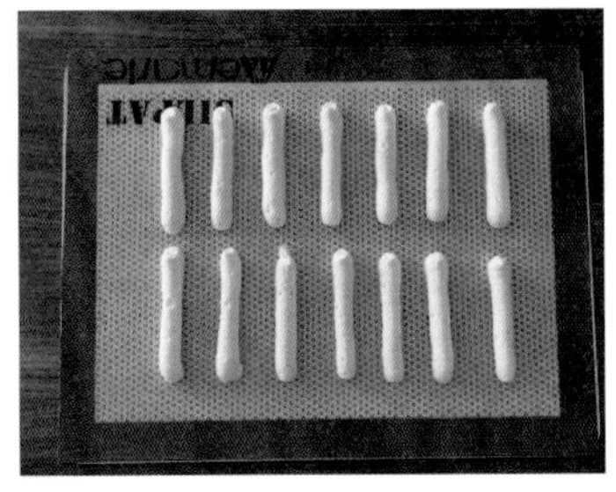

짤주머니에 6의 반죽을 넣고 유산지 또는 실리콘 매트 위에 긴 막대 모양으로 짠다.

8

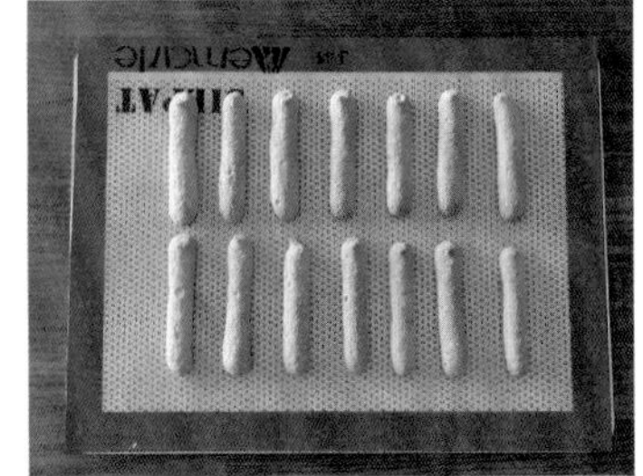

170℃로 예열한 오븐에서 15분 동안 굽는다.

9

따뜻하게 데운 물에 녹차가루를 녹인 뒤 8의 사보이아르디를 담가 촉촉하게 적신다.

크림 만드는 법

1

볼에 달걀노른자, 마르살라주, 물, 그래뉴당을 넣는다.

2

따뜻한 물(분량 외)에 중탕하며 거품기로 휘핑해 자발리오네를 만든다.

* 달걀노른자를 따뜻하게 중탕하면 거품을 올리기 쉽다.

3

다른 볼에 마스카르포네를 넣고 2의 자발리오네를 2~3회 나눠 넣는다.

4

부드러운 상태가 될 때까지 섞는다.

5

다른 볼에 달걀흰자를 넣고 핸드믹서로 휘핑한다.

6

살짝 거품이 올라오면 그래뉴당을 넣고 더 휘핑하여 단단한 머랭을 만든다.

7

4에 6의 머랭을 여러 번 나눠 넣는다.

8

부드러운 상태가 될 때까지 섞는다.

티라미수를 더 간단하게 만들고 싶다면 자발리오네를 만들지 않고 중탕 없이 달걀노른자, 설탕, 물, 마르살라주를 섞은 뒤 바로 마스카르포네와 혼합한다. 마스카르포네는 크림치즈로 대체해도 좋다. 또한 사보이아르디 대신 시판 스펀지케이크나 카스텔라를 사용해도 된다.

완성

1

유리컵에 크림을 약간 넣고 사보이아르디→크림 순으로 층층이 담으면서 사이사이에 팥을 넣는다.

POINT

사보이아르디를 녹차에 담글 때 포크를 사용하면 편리하다. 살짝 담갔다가 사보이아르디만 건져낸다.

2

냉장실에서 6시간 이상 굳힌 다음 먹기 직전에 녹차가루(분량 외)를 듬뿍 뿌린다.

* 윗면에 삶은 팥을 장식해도 좋다.

MINI COLUMN

베이킹에 깊이를 더하는 술

베이킹을 할 때 술을 약간 첨가하면 향이 한층 풍부해집니다. 그러나 술은 뒤에서 은은하게 향을 더하는 재료이므로 맛에 영향을 주지 않도록 정확한 사용법을 숙지하는 것이 중요합니다. 일반적으로 럼, 브랜디, 오렌지향 리큐르 등을 사용합니다.

술과 레시피의 궁합이 좋아서 특별히 잘 어우러지는 경우도 있습니다. 체리로 만든 과일 브랜디 키르쉬는 체리 클라프티를 만들 때, 오크통에서 숙성시킨 이탈리아의 와인 마르살라는 티라미수를 만들 때 사용하면 풍미가 더욱 깊어지지요.

COLUMN

편리한 도구

거품기와 핸드믹서

베이킹에 꼭 필요한 대표 도구를 꼽자면 단연 거품기입니다. 거품기는 크기와 종류가 다양하니 사용하기 편리한 것을 고르면 됩니다.
전동 핸드믹서가 있으면 생크림이나 머랭의 휘핑이 쉬워집니다. 가토매직을 만들 때처럼 달걀노른자와 우유를 섞을 때는 거품기, 단단한 머랭을 만들 때는 전동 핸드믹서로 나눠 사용하면 작업이 한결 편하지요.
다양한 브랜드의 제품이 있지만 주로 사용하는 것은 키친에이드 사의 핸드믹서입니다. 또한, 과일을 으깨 소스를 만들거나 아이스크림을 만들 때는 만능 믹서라 불리는 바믹스를 사용합니다. 핸디 타입은 냄비에 직접 넣고 섞을 수 있어 편리하지요. 적은 양도 잘 섞이며 과일 주서 대용으로도 사용 가능해요. 바믹스의 컴플리트세트에는 푸드 프로세서도 들어 있어 유용합니다.

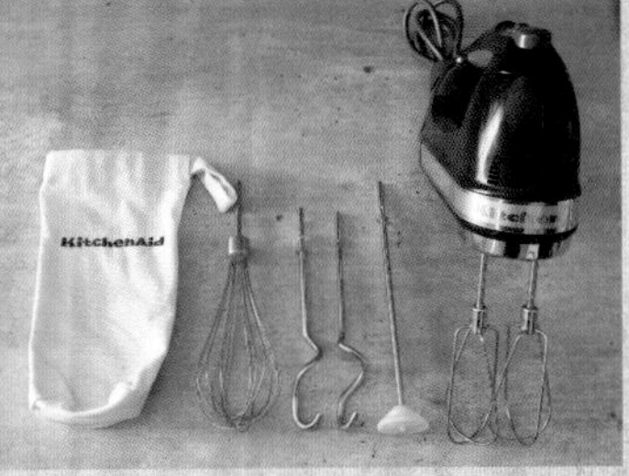

과일 소스 등을 만들 때 유용한 핸드블랜더 세트_(왼쪽), 생크림 휘핑과 머랭 만들기에 편리한 전동 핸드믹서_(오른쪽).

CREME BRULEE

크렘브륄레

RECIPE

10

크렘브륄레

프랑스어로 크렘(Crème)은 '크림', 브륄레(Brûlée)는
'타다'라는 뜻이며, 크렘브륄레는 태운 크림을 뜻합니다.
표면에 설탕을 뿌리고 휴대용 버너나 제과용 토치로 그을려
파삭파삭한 캐러멜을 만드는 프랑스 대표 디저트이지요.
일본에서도 큰 인기를 끌고 있는 크렘브륄레를
프라이팬으로 만드는 방법을 소개합니다.
숟가락을 불에 달군 다음 표면을 살포시 눌러
캐러멜화할 수 있어서 토치가 없어도 괜찮습니다.
대신 화상을 입지 않도록 주의하세요.

재료 [12㎝ 램킨 3개]

달걀노른자 3개
그래뉴당 45g
생크림 200㎖
우유 100㎖
바닐라 에센스 적당량
설탕(그래뉴당 또는 황설탕) 적당량

만드는 법

1

볼에 달걀노른자와 그래뉴당을 넣고 거품기로 골고루 섞는다.

2

아이보리색이 될 때까지 거품기로 휘핑한다.

* 이 작업을 프랑스 제과 용어로 블랑시르(Blanchir)라고 한다.

3

냄비에 생크림, 우유를 넣고 가장자리가 살짝 끓어오를 때까지 가열한 뒤 불을 끈다.

4

2의 볼에 **3**과 바닐라 에센스를 넣고 섞는다. 거품이 생기지 않도록 거품기를 똑바로 세우고 젓는다.

5

램킨에 **4**를 채운 뒤 프라이팬에 넣는다. 프라이팬의 2㎝ 높이까지 따뜻한 물을 붓고 가열한다. 물이 보글보글 끓어오를 정도로 불을 조절한다.

6

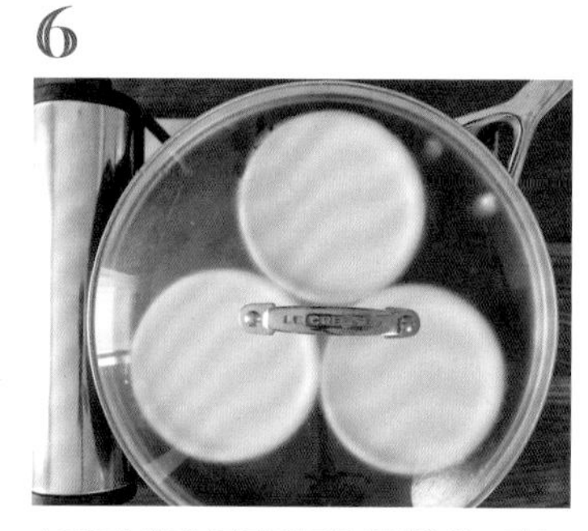

수증기가 빠져나가지 않도록 뚜껑을 덮고 5분 동안 찐 다음 불을 끈다. 뚜껑을 덮은 채 10분 정도 그대로 두고 잔열로 익힌다.

7

프라이팬을 움직였을 때 반죽이 흔들리지 않으면 완성.

8

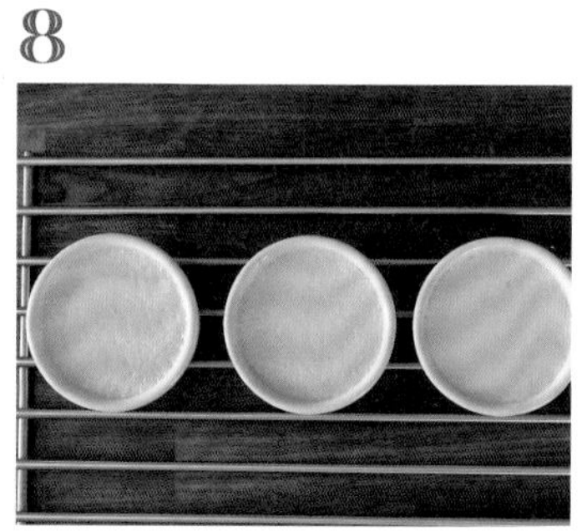

뚜껑을 열고 한 김 식혀 손으로 잡을 수 있을 정도가 되면 프라이팬에서 꺼낸다. 잔열이 사라지면 냉장실에 넣어 단단하게 굳힌다.

9

윗면에 설탕을 골고루 뿌린다.

10

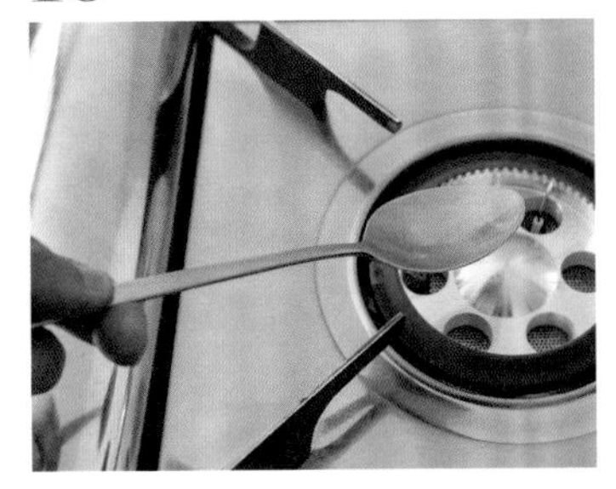

숟가락을 가스 불에 30초 정도 달군다.

POINT

숟가락이 검게 그을어 사용할 수 없게 되니 가능한 낡은 숟가락을 사용한다.

11

크렘브륄레의 표면을 숟가락으로 살포시 누른다.

12

지지직, 연기가 피어오를 때까지 설탕을 태워 캐러멜화한다. 크렘브륄레 하나에 숟가락을 30초씩 달궈 사용한다.

POINT

버너나 토치가 있으면 도구를 사용해 캐러멜화한다.

13

크렘브륄레 완성.

2 PART 꾸준히 사랑받는 대표 스위트

한입 베어 물면 슬며시 입가에 미소가 번지는 치즈케이크, 초콜릿, 쿠키 같은 친근한 디저트.
추억을 떠올리게 하고 마음을 따뜻하게 만드는 간식까지,
티타임에 꼭 필요한 스테디셀러 스위트를 한자리에 모았습니다.
레시피와 비법 노하우를 참고해 만들어 보세요. 선물하기에 좋은 근사한 디저트가 완성됩니다.

Cheesecake

치즈케이크

세계적으로 사랑받는 치즈케이크는 일본 베이커리의 인기 상품입니다.
긴 역사만큼이나 다양한 제조법이 전해 내려오는 것으로도 유명합니다.
현재 우리가 즐겨먹는 치즈케이크와는 조금 다를지도 모르지만,
기원전 776년 최초의 고대 올림픽이 개최되었을 때
운동선수들에게 치즈케이크를 대접했다는 기록이 남아있기도 합니다.
대표적인 치즈케이크인 뉴욕치즈케이크, 레어치즈케이크, 수플레치즈케이크의
레시피와 만드는 법을 알려드립니다.

빵에 발라먹기 적당한 질감의 크림치즈, 프로마쥬 프레(Fromage frais)_(앞과 왼쪽 뒤).
부드러운 산미의 프랑스 사워크림, 크렘 프레쉬 에페스(Crème fraîche épaisse)_(오른쪽).

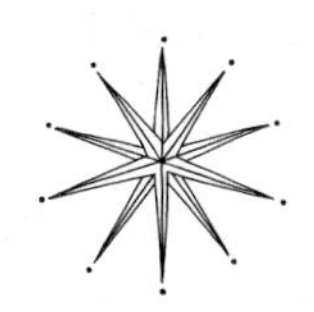

크림치즈, 사워크림, 생크림

치즈케이크에 주로 사용하는 재료는 크림치즈, 사워크림, 생크림입니다. 플레인 요구르트는 우유에 유산균을 넣어 발효시켜 만들고, 치즈는 우유에 응유효소를 넣고 응고시킨 뒤 유청(Whey)을 제거하여 만듭니다. 경우에 따라 치즈에 유산균을 넣기도 하지요.
크림치즈는 생크림에 응유효소를 넣고 만든 것이기 때문에 치즈 앞에 크림이라는 단어가 붙습니다. 사워크림은 생크림에 유산균을 첨가해 만드는데 한마디로 생크림으로 만든 요구르트라고 할 수 있습니다. 생크림은 우유의 지방분만을 남기고 나머지는 제거한 것입니다.
이 책에 소개한 뉴욕치즈케이크에는 사워크림이 들어가는데 사워크림이 없는 경우에는 크림치즈와 생크림을 반반씩 섞어 대체해도 좋습니다. 농후한 맛은 적어지지만 플레인 요구르트를 사용해도 괜찮습니다.

프랑스에는 크림치즈가 없다?

프랑스에는 크림치즈를 직접 지칭하는 단어가 없습니다. 유튜브에서 제 동영상을 보고 어디에서 크림치즈를 샀는지 묻는 프랑스 사람들도 종종 있습니다.
프랑스에서 크림치즈는 비숙성치즈, 생치즈 종류에 해당합니다. 생치즈 중에서도 유지방분이 높은 제품이 크림치즈입니다. '프로마쥬 프레'라고 불리는 치즈가 크림치즈와 가장 비슷합니다. 프랑스에서는 프로마쥬 프레를 주로 빵에 발라먹기 때문에 냉장고에서 꺼내 바로 빵에 바를 수 있는 부드러운 질감이 특징이지요.
일본에서 생크림, 사워크림이라고 부르는 제품도 프랑스와는 약간 차이가 있습니다. 생크림은 프랑스에서 크렘 리퀴드(Crème liquide) 또는 크렘 플뢰헤트(Crème fleurette)라고 하는데 저렴한 것은 200㎖ 제품이 1유로 이하로 판매됩니다. 그러나 유지방 함량이 15~30% 정도로 낮아 휘핑해도 거품이 좀처럼 단단해지지 않습니다.
사워크림과 비슷한 제품은 크렘 프레쉬 에페스(Crème fraîche épaisse)이며 일본에서 판매되는 제품보다 산미는 약합니다. 이처럼 유럽에는 다양한 종류의 유제품이 생산되며 일본의 유제품과는 조금씩 차이가 있습니다. 여기서 소개하는 레시피는 쉽게 구할 수 있는 제품에 맞춰 개발한 것이니 걱정 없이 만들어도 됩니다.

NEW YORK CHEESECAKE

뉴욕치즈케이크

RECIPE 11

뉴욕치즈케이크

모든 재료를 섞어 틀에 붓고 구우면 완성되는 심플한 케이크이지만
몇 번이고 다시 만들고 싶어지는 맛있는 케이크입니다.
굽는 치즈케이크의 기원은 폴란드로 알려져 있습니다.
폴란드에서 건너온 유대계 이민자들에 의해 미국으로 레시피가 전달되었다고 하는데요.
뉴욕으로 이주해 온 유대인들이 만들던 커스터드풍의 달콤한 케이크가
진하고 부드러운 케이크로 발전되었고, 오늘날 뉴욕치즈케이크라 불리게 되었습니다.
이 케이크는 크림치즈의 비중이 높고
가루 재료가 적게 들어가는 것이 특징입니다.
그 덕분에 묵직한 식감과 진하고 부드러운 풍미를 즐길 수 있습니다.

재료 [18㎝ 원형 틀 1개]

비스킷 120g
버터 녹인 것 60g
크림치즈 400g
그래뉴당 120g
사워크림 200g
생크림 150㎖
달걀 2개
옥수수 전분 2큰술
바닐라 엑스트랙트 1 ½큰술(또는 바닐라 에센스 4~5방울)
레몬즙 ¼개 분량

* 사워크림이 없을 때는 플레인 요구르트 또는 플레인 요구르트의 물기(유청)를 제거한 그릭 요구르트로 대체 가능. 플레인 요구르트와 생크림 또는 크림치즈와 생크림을 동량으로 반씩 섞어 사용해도 좋다.

<프랑브와즈소스>

냉동 프랑브와즈(라즈베리) 200g
그래뉴당 40g
물 1큰술

만드는 법

1

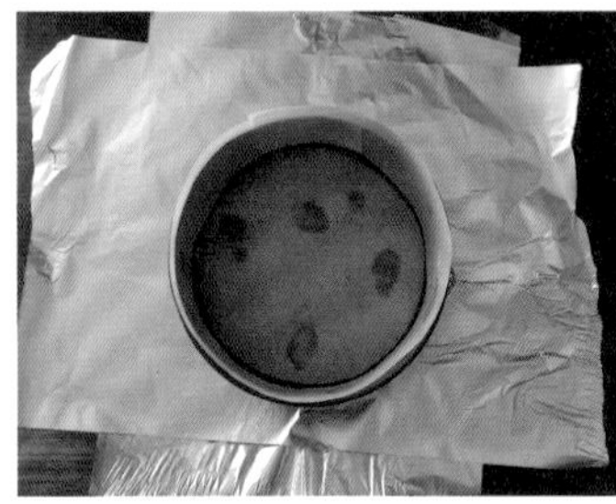

원형 틀 안쪽에 녹인 버터(분량 외)를 바르고 유산지를 깐다.

2

분리형 틀의 경우 겉면을 알루미늄 포일 두 겹으로 감싸면 중탕할 때 물이 들어가는 것을 방지할 수 있다.

3

지퍼백에 비스킷을 넣는다.

4

밀대로 가볍게 두드려 으깬다.

* 비스킷을 굵게 으깨면 바삭한 식감을 즐길 수 있지만 바닥이 쉽게 부서지니 주의한다.

5

볼에 비스킷과 버터를 넣고 골고루 섞는다.

6

원형 틀 바닥에 **5**를 넣고 평평하게 편 뒤 냉장실에서 30분 정도 굳힌다.

* 컵 또는 램킨 등으로 눌러 펴면 편리하다.

7

볼에 실온 상태 또는 전자레인지로 가볍게 데운 크림치즈를 넣고 부드럽게 푼다.

8

그래뉴당을 넣고 골고루 섞는다.

9

사워크림, 생크림을 넣고 섞는다.

10

다른 볼에 달걀을 준비한 뒤 풀지 않고 **9**의 볼에 그대로 넣어 섞는다.

POINT

달걀 껍데기 또는 상태가 안 좋은 달걀이 반죽에 들어가지 않도록 반드시 다른 볼에 미리 준비해 둔다.

달걀을 풀지 않고 반죽에 넣는 이유는 기포가 생기는 것을 막기 위해서다. 반죽에 기포가 들어가면 굽는 동안 반죽이 너무 부풀어 올라 치즈케이크의 묵직하고 부드러운 식감이 줄어들 수 있다. 가능한 공기가 들어가지 않도록 섞는 것이 중요하다.

11

옥수수 전분, 바닐라 엑스트랙트, 레몬즙을 넣고 섞는다.

12

반죽이 덩어리지지 않고 부드러운 상태가 될 때까지 섞는다.

13

6의 원형 틀에 윗면이 평평해지도록 반죽을 채운다.

14

180℃로 예열한 오븐에서 30분 동안 중탕으로 굽는다.

* 높이가 있는 오븐 팬에 따뜻한 물을 채우고 그 안에 원형 틀을 넣어 중탕으로 굽는다.

15

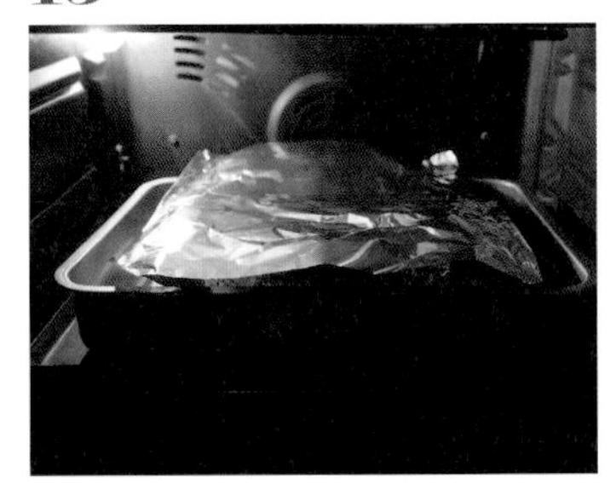

30분 뒤 온도를 160℃로 낮추고 30분 동안 더 굽는다. 색이 너무 진할 경우 윗면을 알루미늄 포일로 덮는다.

16

오븐을 끈다. 이 상태로 1시간 정도 잔열로 익힌다.

* 잔열로 케이크 속까지 천천히 익힌다.

17

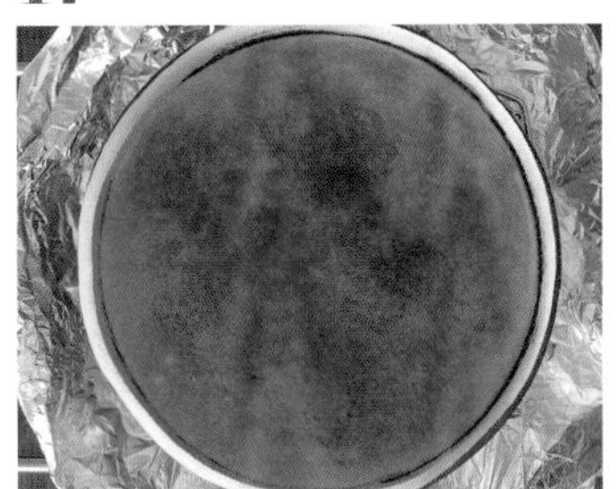

오븐에서 꺼내 한 김 식힌 뒤 냉장실에 넣어 6시간 정도 굳힌다.

프랑브와즈소스 만드는 법

1

볼에 냉동 프랑브와즈, 그래뉴당, 물을 넣는다.

2

전자레인지에 넣고 4분 동안 데운다.

3

주걱으로 씨가 제거되도록 과육을 부드럽게 으깨가며 체에 거른다.

4

볼에 담고 냉장실에서 식힌다.

완성

1

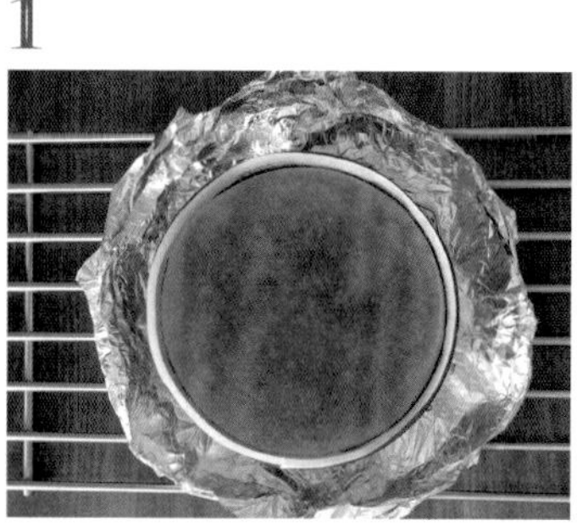

치즈케이크가 굳으면 틀에서 꺼낸다. 먹기 좋은 크기로 잘라 그릇에 담고 프랑브와즈 소스를 곁들인다.

2

뉴욕치즈케이크 완성.

COLUMN

성공 노하우

오븐의 기능별 사용법

오븐의 기능은 크게 내부 열선과 컨벡션 기능으로 나눌 수 있습니다. 앞서 소개한 뉴욕치즈케이크는 컨벡션 기능을 사용하지 않고 내부 열선 기능만으로 구웠습니다. 보통 전기식 오븐은 위와 아래쪽에 설치된 내부 열선에 의해 가열됩니다. 컨벡션 기능은 오븐의 뒤 또는 옆면에 설치된 회전 팬을 통해 열기를 순환시키는 방법이지요. 회전 팬으로 공기를 순환시키면 내부 열전도율이 높아지기 때문에 같은 온도라도 열선 기능에서 구운 것보다 컨벡션 기능에서 구운 제품의 색이 더 진합니다. 만약 일반적인 오븐에서 구운 것과 비슷한 색을 내고 싶다면 온도를 20℃ 정도 낮춰 구워야 합니다. 예를 들어 일반 오븐을 180℃로 설정해 구웠다면 컨벡션 기능은 160℃로 설정해 구우면 됩니다. 또 윗부분의 열선만 가열하는 것은 그릴 기능이라 하며, 위에 올린 치즈나 빵가루 등의 토핑을 구울 때 사용합니다.

오븐은 반드시 예열한다

레시피에 '예열한 오븐에서…'라는 설명이 없더라도 꼭 오븐을 예열하고 설정 온도까지 온도가 올라간 다음에 굽기 시작해야 합니다.
그 이유는 각각의 오븐마다 설정 온도에 다다르는 시간이 다르기 때문입니다. 5분 만에 200℃로 예열되는 오븐이 있는가 하면 10분이 걸리는 오븐도 있습니다. 설정 온도까지 예열되지 않았는데 굽기 시작하면 결과에 큰 차이가 날 수도 있지요.
또한 오븐은 설정 온도까지 온도를 높이기 위해 가장 센 화력으로 가열됩니다. 윗부분에 열선이 있는 가정용 오븐의 경우 예열되기 전에 넣고 구우면 그릴 기능이 작동된 것처럼 윗부분만 타기 쉽지요. 반대로 윗부분에 열선이 없는 오븐은 레시피에 적힌 시간만큼 구워도 속까지 익지 않는 경우도 있습니다. 따라서 오븐을 사용할 때는 반드시 예열하고 설정 온도에 이르렀는지 확인한 뒤에 구워야 실패를 막을 수 있습니다.

자주 사용하는 오븐은
컨벡션 기능의 제품입니다.

NO BAKE CHEESECAKE

레어치즈케이크

RECIPE

12

레어치즈케이크

레어치즈케이크는 오븐에 굽지 않고 크림치즈와 생크림을 섞은 반죽에
젤라틴을 넣고 차갑게 굳혀 만든 케이크입니다.
입안에서 살살 녹는 부드러운 식감을 가지고 있습니다.
케이크 바닥으로 시판 비스킷을 사용하는 간단한 레시피를 소개합니다.
오븐 없이 전자레인지만으로 만들 수 있어 더욱 편리하지요.
딸기와 프랑브와즈의 달콤 상큼함이 입맛을 돋워줄 거예요.

재료 [18㎝ 원형 틀 1개]

비스킷 100g
무염버터 녹인 것 50g
판 젤라틴(또는 가루 젤라틴) 10g
* 판 젤라틴은 잠길 정도의 물, 가루 젤라틴은 물 50㎖를 넣고 불린다.
딸기 8~9개
크림치즈 250g
무가당 플레인 요구르트 200g
생크림(또는 우유) 200㎖
설탕 90g

<장식용 젤리>
설탕 50g
물 50㎖
프랑브와즈(또는 냉동 프랑브와즈) 100g
판 젤라틴(또는 가루 젤라틴) 4g
* 판 젤라틴은 잠길 정도의 물, 가루 젤라틴은 물 20㎖를 넣고 불린다.

만드는 법

POINT

시판 비스킷은 좋아하는 제품을 선택한다. 무가당 제품보다 달콤한 비스킷이 잘 어울린다. 통밀이 아닌 일반 비스킷을 사용한다.

1

지퍼백에 비스킷을 넣고 밀대로 가볍게 두드려 으깬다.

2

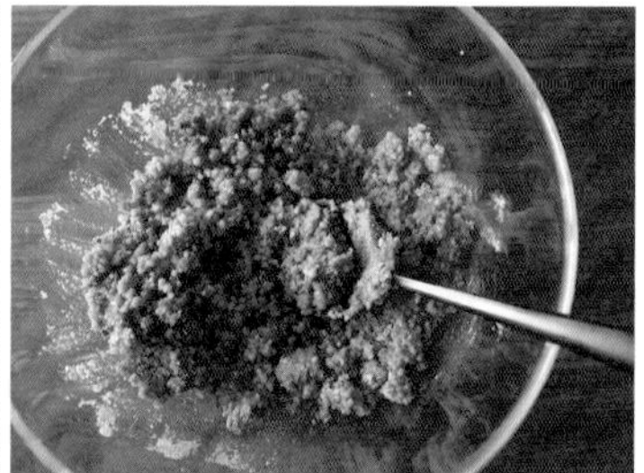

볼에 비스킷과 무염버터를 넣고 골고루 섞는다.

3

원형 틀 바닥에 **2**를 넣고 평평하게 편다.

4

판 젤라틴은 잠길 정도의 물에 담가 불린다.

5

딸기는 높이가 비슷한 것으로 준비하고 세로로 2등분한다.

6

틀의 옆면에 딸기를 빈틈없이 세워 붙이고 냉장실에서 30분 동안 굳힌다.

7

볼에 크림치즈를 넣고 부드러운 상태가 될 때까지 전자레인지에서 1~2분 동안 데운 뒤 주걱으로 매끄럽게 푼다.

8

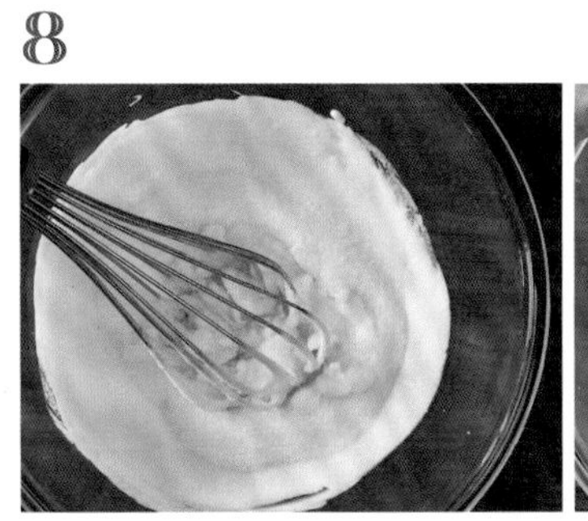

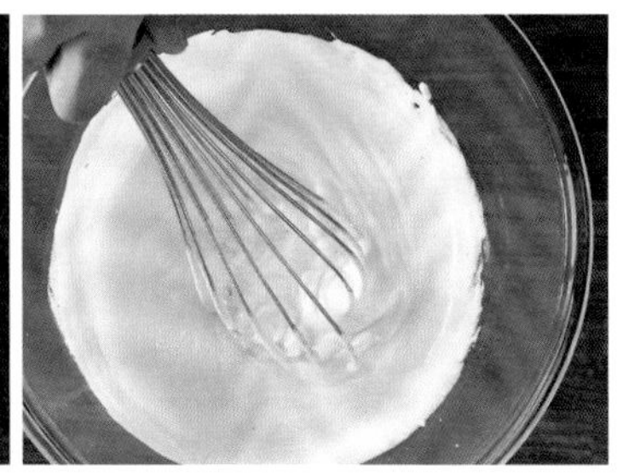

플레인 요구르트, 생크림, 설탕을 넣고 거품기로 골고루 섞는다.

9

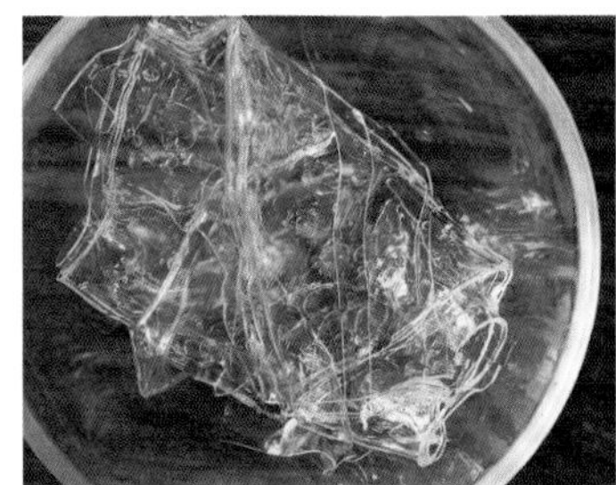

4의 젤라틴은 전자레인지에서 30초 정도 데워 녹인다.

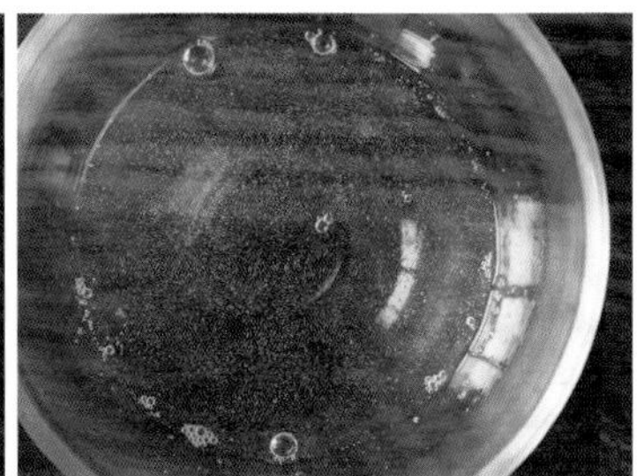

* 젤라틴은 끓일 필요 없이 50℃ 정도로 따뜻하게 데우면 녹는다.

10

8의 볼에 젤라틴을 넣고 섞는다.

11

6의 틀에 반죽을 채운 뒤 윗면을 고르게 정리한다.

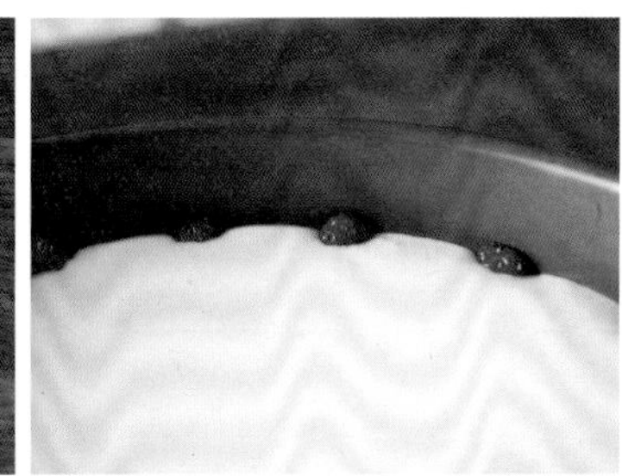

냉장실에서 1시간 정도 차갑게 굳힌다.

장식용 젤리 만드는 법

1

볼에 설탕, 물, 프랑브와즈를 넣고 전자레인지에서 4분 동안 데운다.

2

핸드블렌더 또는 믹서로 곱게 갈아 퓌레를 만든다.

3

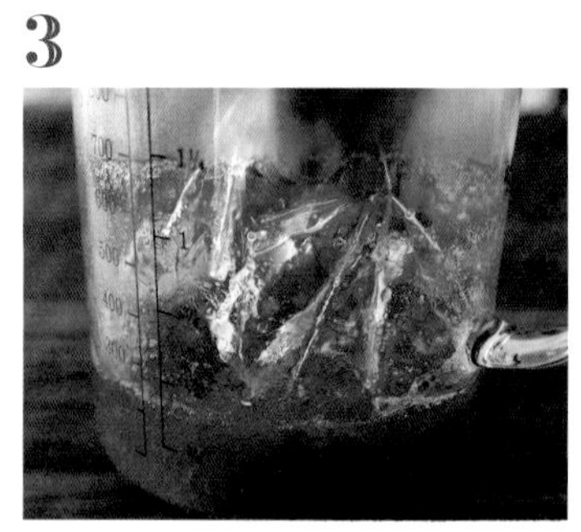

물에 불린 젤라틴을 넣고 섞는다. 퓌레가 차가운 경우에는 전자레인지에서 1분 정도 따뜻하게 데워 사용한다.

4

3을 체에 내려 씨를 걸러낸다.

5

냉장실에서 굳힌 케이크 위에 부은 뒤 다시 냉장실에 넣고 6시간 이상 굳힌다.

레어치즈케이크 완성.

COLUMN

성공 노하우

중탕으로 구우면 좋은 점

뉴욕치즈케이크는 그대로 오븐에 넣어 구워도 됩니다. 하지만 이 경우 케이크의 가장자리가 부풀어 오르고 가운데는 옴폭 들어간 형태를 띠게 되며, 케이크 윗면의 색이 진해집니다.
그 이유는 케이크 틀의 온도가 높아져 틀 가장자리에 있는 반죽에 열이 강하게 전달되면 달걀과 반죽 속에 포함된 소량의 기포가 팽창하기 때문입니다. 케이크 중심 부분에 열이 전달되기까지는 시간이 더 걸리기 때문에 가운데는 그다지 부풀지 않습니다. 중심 부분까지 열이 충분히 전달되었을 때는 케이크 윗면이 너무 익어 색이 진해지게 되지요. "중탕으로 구우면 스팀 효과가 있어 케이크 표면의 갈라짐과 건조를 줄일 수 있다"라는 말이 있지만 그 효과가 전부라면 오븐의 스팀 기능을 사용하여 치즈케이크를 구워도 될 것입니다. 그러나 중탕에는 이보다 더 중요한 장점이 있습니다. 중탕으로 구우면 반죽에 열을 천천히 전달할 수 있지요.
틀이 물에 잠겨있는 상태에서 구워지므로 물과 맞닿아 있는 부분은 온도가 쉽게 올라가지 않고 치즈케이크의 반죽 온도가 천천히 상승하게 됩니다. 그 덕분에 케이크 가장자리가 먼저 많이 구워지거나 윗면의 색이 진해지는 것을 막을 수 있습니다. 중탕으로 천천히 굽기 때문에 촉촉하고 부드러운 질감의 치즈케이크가 완성되는 것입니다.

오븐 팬에 따뜻한 물을 담고 팬 위에 케이크 틀을 올린 뒤 오븐에서 구우면 됩니다.

SOUFFLE CHEESECAKE

수플레치즈케이크

수플레치즈케이크

구름처럼 폭신하고 촉촉한 수플레치즈케이크 레시피를 소개합니다.
반죽이 꺼지거나 표면에 금이 가서 예쁘게 부풀지 않았다면 다음의 노하우를 기억하세요.
먼저 유산지에 버터를 듬뿍 바를 것,
다음으로는 단단한 머랭을 만들 것!
유산지에 반죽이 붙어 버리면 봉긋하게 부풀지 않고 표면이 갈라지는 현상이 발생합니다.
머랭을 단단하게 휘핑하지 않으면 바닥에 질깃한 층이 생길 수도 있습니다.
누구나 완벽한 수플레케이크를 만들 수 있도록 그 비법을 공개합니다.

재료 [18㎝ 원형 틀 1개]

크림치즈 200g
우유 200㎖
달걀노른자 4개
박력분 30g
옥수수 전분 20g
레몬제스트 ½개 분량
레몬즙 ½개 분량
달걀흰자 4개 분량
그래뉴당 80g

만드는 법

1

틀의 바닥과 옆면에 유산지를 깔고 유산지에 녹인 버터(분량 외)를 충분히 바른다.

분리형 틀의 경우 겉면을 알루미늄 포일 두 겹으로 감싸면 따뜻한 물로 중탕할 때 물이 들어가는 것을 방지할 수 있다.

유산지에는 버터를 바르는 것이 좋다. 반죽이 유산지에 붙으면 부풀어 오르면서 표면이 갈라지니 꼼꼼히 버터를 바른다. 그 위에 슈가파우더를 가볍게 뿌리면 달라붙는 것을 막을 수 있다.

부풀어 오르는 것까지 계산하여 틀 옆면에 12㎝ 높이의 유산지를 붙이면 좋다.

2

볼에 크림치즈를 넣고 전자레인지에서 1분 동안 부드러운 상태가 될 때까지 데운 뒤 거품기로 매끄럽게 푼다.

3

우유를 조금씩 부으며 섞은 다음 달걀노른자를 넣고 섞는다.

4

체로 친 박력분과 옥수수 전분을 넣고 골고루 섞는다.

5

4에 레몬즙과 레몬제스트를 넣는다.

* 레몬 향을 넣고 싶지 않을 때는 레몬제스트를 생략해도 좋다.

6

달걀흰자는 미리 냉장실에 넣어 차갑게 만든 다음 핸드믹서로 휘핑해 머랭을 만든다.

POINT

달걀흰자가 차가우면 기포가 촘촘한 머랭이 만들어진다.

7

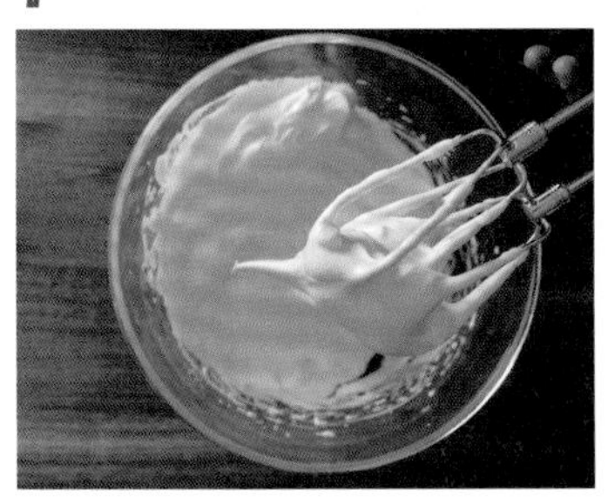

살짝 거품이 올라오면 그래뉴당을 3회에 걸쳐 나눠 넣으며 빠르게 휘핑한다.

POINT

머랭을 약하게 휘핑하면 케이크의 윗부분에만 거품이 떠오르고 아랫부분은 입자가 뭉친 쫀쫀한 케이크가 되므로 뿔이 생길 때까지 단단하게 휘핑한다.

그래뉴당은 처음부터 넣지 않고 살짝 거품이 올라온 다음에 넣는 것이 노하우.

전동 핸드믹서를 사용할 때는 그래뉴당을 한꺼번에 넣고 휘핑해도 괜찮다.

8

5의 반죽에 **7**의 머랭을 3회에 걸쳐 나눠 넣으며 섞는다.

9

머랭의 덩어리가 풀어지지 않으면 거품기로 반죽을 아래에서 위로 들어 올리듯이 섞는다.

10

원형 틀에 반죽을 채우고 틀을 바닥에 2~3회 가볍게 떨어트려 반죽 표면의 공기를 뺀다.

11

150℃로 예열한 오븐에서 중탕으로 굽는다.

12

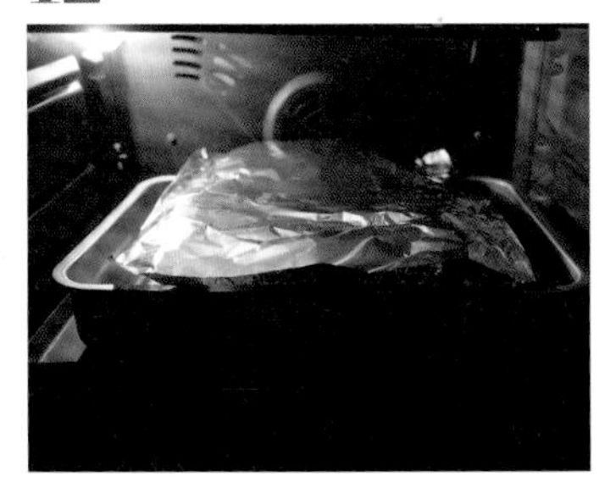

30~40분 동안 구운 뒤 윗면에 색이 충분히 나면 타지 않도록 알루미늄 포일로 덮는다. 20분 정도 더 구운 다음 오븐을 끄고 그대로 두어 20분 정도 잔열로 익힌다.

13

오븐에서 꺼내 실온 정도로 미지근하게 식힌 다음 틀째 냉장실에 넣어 완전히 식힌다.

POINT

수플레치즈케이크는 식으면서 점점 가라앉아 마지막에는 굽기 전과 동일한 7㎝ 높이가 된다.

오븐 안에서는 12㎝ 정도로 높게 부풀었는데 식으면서 점점 주저앉았다고 실망할 필요는 없다. 이것은 피할 수 없는 현상이다. 그러나 케이크 속에는 기포가 충분히 남아 폭신폭신한 식감으로 완성된다.

Macaron

마카롱

프랑스의 대표 디저트 마카롱. 그 뿌리는 이탈리아로 알려져 있지만
프랑스 각 지역에서 다양한 방법으로 만들기 시작하면서 인기를 얻기 시작했습니다.
달걀흰자와 설탕을 휘핑하여 만든 머랭에 곱게 간 아몬드나 호두 등의
견과류를 섞은 다음 한입 크기로 구워 만듭니다.
솔직히 마카롱은 만들기 어려운 디저트입니다.
저 역시 실패를 거듭하고 다양한 레시피를 테스트하면서 조금씩 배워나갔습니다.
이 책에서는 마카롱다운 모양과 피에를 만드는 방법을 중심으로 설명합니다.
피에는 프랑스어로 '발'이라는 뜻으로 마카롱 가장자리의 프릴 부분을 지칭하지요.

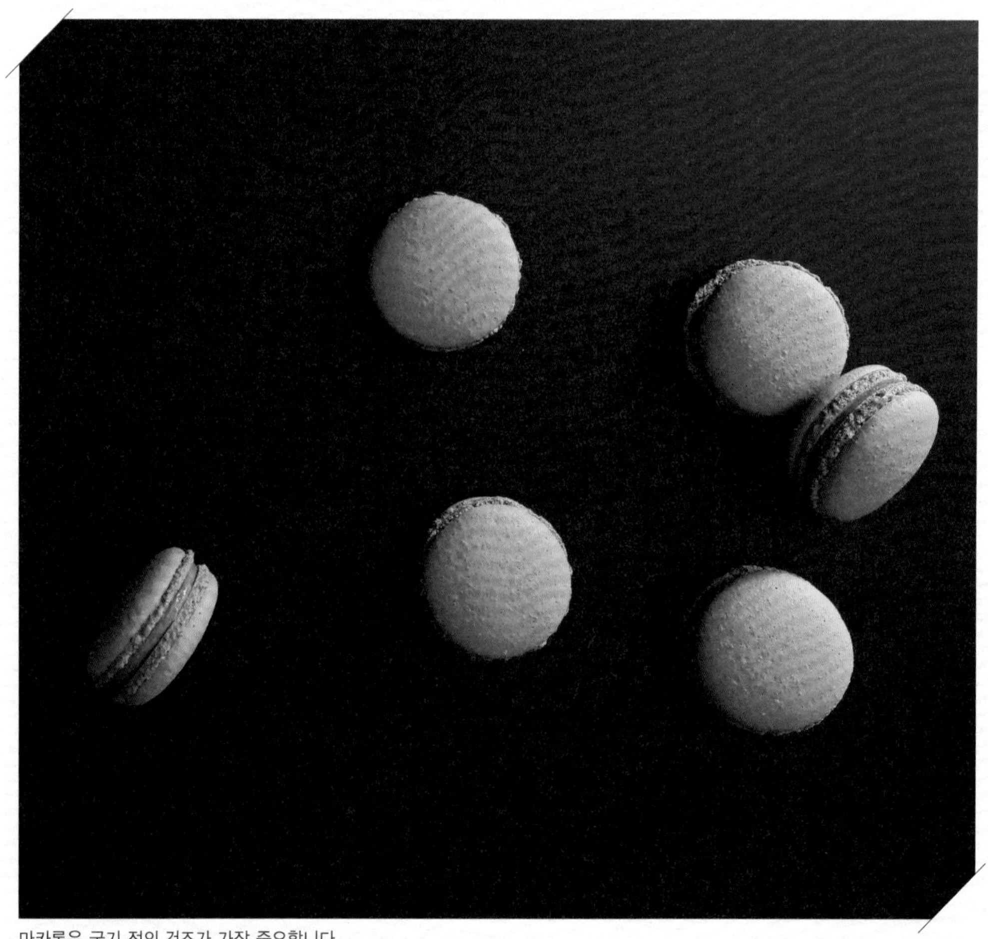

마카롱은 굽기 전의 건조가 가장 중요합니다.
충분히 건조해야 피에가 예쁘게 만들어집니다.

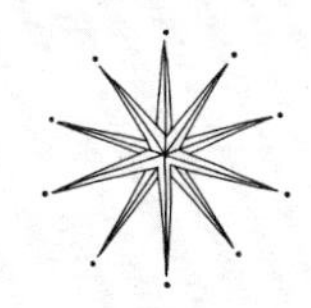

실패 없는 마카롱 만드는 법

1 마카로나주

마카로나주는 머랭과 가루 재료를 섞을 때 반죽을 눌러 펴 주며 머랭 속 공기를 제거하여 농도를 조절하는 작업을 의미합니다. 반죽에 윤기가 나고 천천히 퍼지는 농도, 고무 주걱으로 반죽을 들어 올려 떨어트렸을 때 천천히 연속해서 떨어지는 정도가 될 때까지 마카로나주합니다.

마카로나주가 잘 되면 반죽을 짰을 때 윗부분에 생긴 뿔이 서서히 사라지며 가만히 두어도 적당한 두께로 동그랗게 퍼집니다. 마카로나주가 부족하면 두껍고 볼록한 모양의 마카롱이 되지요. 반대로 마카로나주를 너무 많이 하면 반죽을 짰을 때 사방으로 퍼져 납작한 마카롱이 되며 건조하기 어려워 피에가 거의 생기지 않습니다.

2 건조

마카롱은 윗면을 손으로 만져도 반죽이 묻어나지 않고, 손으로 살며시 문질렀을 때 막이 생긴 것처럼 매끄러운 상태가 될 때까지 건조합니다. 알맞게 건조하는 것이 중요한 포인트입니다. 표면을 확실히 말리지 않으면 구웠을 때 반죽 전체가 많이 부풀어 오르고 피에도 생기지 않습니다.

마카롱의 피에가 생기지 않는 가장 큰 이유는 건조 부족입니다. 마카로나주를 완벽하게 했더라도 건조가 부족하면 피에가 사라집니다. 온도가 높고 비가 오는 날에는 몇 시간이 지나도 완전히 마르지 않으니 맑은 날 만드는 것을 추천합니다. 또한 빨리 건조하기 위해 통풍이 잘 되는 장소에 두거나 에어컨 바람을 쐬어주는 것도 좋습니다. 습도나 온도에 따라 다르지만 건조 시간은 대략 1시간 30분에서 3시간 정도 소요됩니다.

3 굽는 시간과 온도

마카롱을 굽는 온도는 160℃가 기준입니다. 컨벡션 기능을 사용할 때는 140℃로 설정하세요. 오븐의 종류에 따라 온도에 차이가 있거나 윗면이 타는 경우가 있으니 그럴 때는 온도를 10℃ 정도 높이거나 낮춰가며 조절합니다. 굽는 시간은 12~13분이 기준이며, 윗면의 색이 진해지지 않도록 상태를 살펴 가며 굽습니다. 입에 넣었을 때 가볍게 바스러지는 마카롱의 식감은 레시피의 차이보다 굽는 시간에 영향을 받는 경우가 많으니 주의가 필요합니다.

GREEN TEA MACARONS

녹차마카롱

녹차마카롱

베이킹 초보자에게는 마카롱이 조금 어렵게 느껴질지도 모르지만
노하우를 익혀 평소에 꿈꾸던 마카롱 만들기에 도전해 보기 바랍니다.
여기에서는 달콤쌉싸름한 녹차 맛 마카롱을 소개합니다.
만들기에 앞서 명심해야 할 포인트는 마카로나주를
너무 많이 하지 않도록 주의하고 충분히 건조한 다음 굽는 것입니다.
그리고 160℃의 온도에서 12~13분 동안
적절하게 구워주면 맛있는 마카롱이 완성됩니다.

재료 [지름 4㎝ 20개]

<반죽>

아몬드가루 75g
슈가파우더 75g
녹차가루 4g
달걀흰자 70g
그래뉴당 60g

<녹차버터크림>

무염버터 100g
녹차가루 3g
물 1큰술
슈가파우더 50g

반죽 만드는 법

1

볼에 아몬드가루, 슈가파우더, 녹차가루를 각각 체로 쳐 넣는다.

2

거품기로 골고루 섞는다.

POINT

짤주머니, 원형깍지(지름 1㎝ 정도), 마카롱을 짤 실리콘 매트 또는 유산지를 미리 준비한다.

슈가파우더는 전분이 2% 함유된 일반적인 제품을 사용했다.

3

깨끗한 볼에 달걀흰자를 넣고 핸드믹서로 휘핑한다.

4

작은 거품이 생기면 그래뉴당을 조금씩 나눠 넣어가며 단단한 머랭을 만든다.

POINT

마카롱은 며칠간 실온에 두고 수양화(水樣化)시킨 달걀흰자를 사용하는 것이 좋다고 알려져 있다. 하지만 꼭 그렇지만은 않다. 수양화되어 점성을 잃은 달걀흰자는 거품이 빠르게 만들어지는 특성이 있지만 끈기가 없기 때문에 안정성이 떨어진다. 신선한 달걀을 바로 깨서 휘핑하면 점성 때문에 거품이 늦게 올라오지만 충분히 휘핑하면 기포가 촘촘하고 안정적인 머랭을 만들 수 있다.

5

4의 머랭에 **2**의 가루 재료를 넣고 주걱으로 자르듯이 섞는다.

6

가루 재료가 골고루 섞이면 볼의 바닥과 옆면에 반죽을 눌러 펼친다는 느낌으로 마카로나주 한다(머랭 속 공기를 일정 부분 제거하며 섞는 법).

7

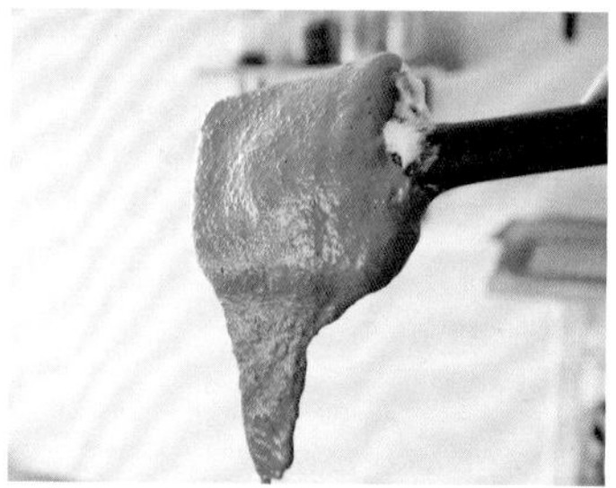

마카로나주를 너무 많이 하지 않도록 주의한다. 주걱으로 반죽을 들어 올렸을 때 천천히 떨어지는 농도가 가장 좋다.

8

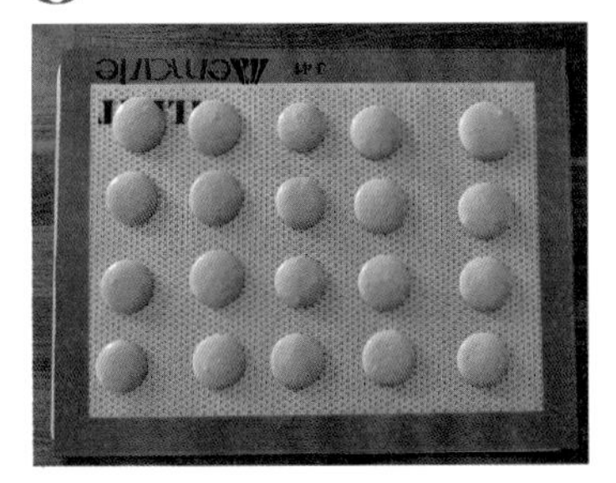

원형 깍지를 낀 짤주머니에 반죽을 넣고 실리콘 매트 위에 동그랗게 짠다.

평평한 장소에서 구김이 없는 유산지 위에 반죽을 짜는 것이 중요하다. 조금이라도 구겨져 있으면 반죽이 동그랗게 퍼지지 않는다. 이와 같은 이유로 유산지보다는 실리콘 매트 사용을 추천한다.

반죽을 짰을 때 윗부분에 생긴 뿔이 서서히 사라지는 농도가 가장 이상적이다. 윗부분에 자국이 남으면 마카로나주가 부족한 것이고, 얇게 퍼져버리면 마카로나주를 너무 많이 한 것이다.

9

반죽을 짠 다음 이쑤시개로 표면의 공기 방울을 터트린다.

10

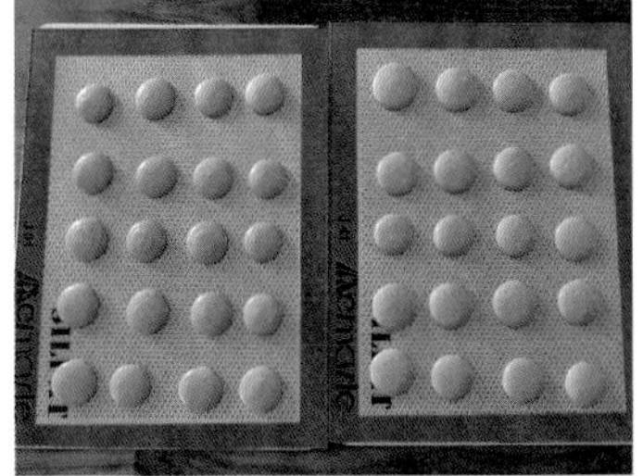

마카롱 반죽을 충분히 건조한다. 손으로 살짝 만졌을 때 반죽이 묻어나지 않는 상태가 가장 좋다.

POINT

건조가 부족하면 사진과 같은 모습으로 구워진다.

11

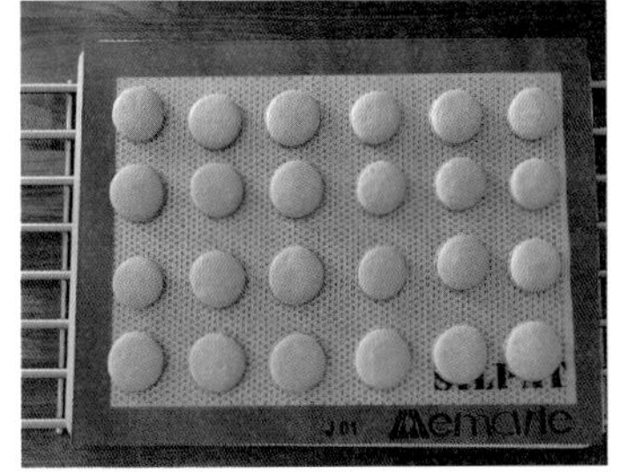

160℃로 예열한 오븐에서 12~13분 동안 굽는다. 굽고 난 뒤 실온에서 식힌다.

MINI COLUMN **실리콘 매트**

유산지는 쉽게 구김이 생겨 마카롱 반죽을 깨끗하게 짜기 어렵습니다. 이때 유리섬유에 실리콘을 코팅하여 만든 실리콘 매트(SILPAT)를 사용하면 편리합니다. 바닥이 평평하게 구워지고 균열이 방지되며 냉장, 냉동은 물론 오븐에 넣어도 안전합니다. 쿠키를 구울 때도 유용하게 사용할 수 있습니다.

녹차버터크림 만드는 법

1

볼에 실온 상태의 무염버터를 넣고 부드럽게 푼다.

2

다른 볼에 녹차가루와 물을 넣고 가루가 보이지 않을 때까지 거품기로 골고루 섞는다.

3

1에 **2**와 슈가파우더를 넣는다.

4

매끄러운 상태가 될 때까지 주걱으로 골고루 섞는다.

완성

1

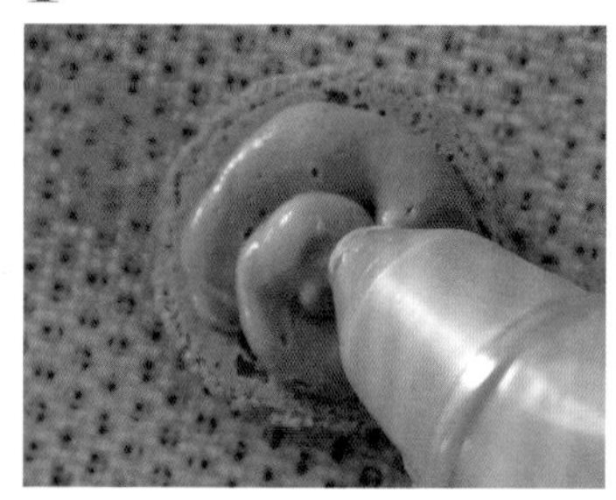

짤주머니에 녹차버터크림을 넣고 마카롱의 안쪽 면에 동그랗게 짠다. 나머지 마카롱으로 덮는다.

2

밀폐용기에 담거나 랩으로 밀봉하여 24~48시간 동안 숙성시킨 뒤 먹는다.

마카롱의 속이 비는 이유는 굽기가 부족해서이다. 1~2분 더 굽거나 오븐을 끄고 1~2분 정도 잔열로 굽는다.

너무 많이 구워지면 치아에 들러붙을 정도로 끈끈한 식감의 마카롱이 된다. 오븐 온도를 설정 온도보다 조금 낮춰 굽는다.

완성된 마카롱을 숙성시키면 촉촉하게 수분이 배어 나와 겉은 바삭하고 속은 부드럽고 쫀쫀한 식감이 된다.

COLUMN

재료 알아보기

카소나드, 키비사토우, 그래뉴당, 슈가파우더

프랑스에는 카소나드라고 불리는 설탕이 있습니다. 카소나드는 사탕수수 100%로 만든 프랑스산 황설탕으로, 보슬보슬한 입자의 비정제 설탕을 말합니다. 꿀과 바닐라 향이 나며 구움과자나 타르트를 만들 때 사용하면 풍미가 한층 깊고 진해지지요. 일본에서는 수입식품점에서 구매할 수 있습니다. 가열하면 균일하게 녹는 특성이 있어 크렘브륄레를 캐러멜화 시킬 때 사용하면 안성맞춤입니다.
키비사토우는 정제 도중 사탕수수에서 짠 당즙을 그대로 조려서 만든 것으로 원료인 사탕수수의 떫은맛이 제거되어 부드러운 단맛이 느껴집니다.
그래뉴당은 입자가 고운 정제 설탕입니다. 설탕 본래의 순수한 단맛만이 느껴지고 색이 하얘서 베이킹에 가장 많이 사용되지요.
슈가파우더(분당)는 그래뉴당을 곱게 간 것으로 입자가 고와 잘 녹기 때문에 아이싱이나 데코레이션에 주로 사용됩니다. 덩어리지지 않도록 전분이 들어간 제품이 많습니다.

카소나드는 프랑스 제과에 자주 등장하는 친숙한 재료_(앞), 슈가파우더_(왼쪽 뒤), 그래뉴당_(오른쪽 뒤).

Choux a la creme

슈크림

일본 사람들이 가장 좋아하는 디저트인 슈크림은 프랑스어로 '슈 아 라 크렘'이라고 부릅니다.
슈(Choux)는 프랑스어로 '양배추'란 뜻으로 모양이 양배추와 비슷하여 이와 같은 이름이 붙었습니다.
그런데 프랑스에서는 의외로 슈크림을 찾기가 쉽지 않습니다.
주로 파리브레스트(Paris-brest 자전거 바퀴 모양으로 견과류와 캐러멜의 프랄린 크림이 들어있다) 또는
에클레어(Éclair), 를리지외즈(Religieuse 수녀를 의미. 크고 작은 2개의 슈를 쌓아 올린 것)를
쉽게 찾아볼 수 있습니다.
크림은 커피나 초콜릿 맛이 일반적입니다.

프랑스에서 가장 많이 볼 수 있는 슈크림은 를리지외즈입니다.
커피크림 또는 초콜릿크림으로 만듭니다.

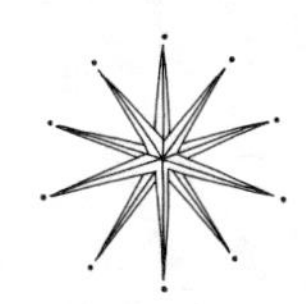

실패 없는 슈 만들기

슈를 만들기 위해서는 철저한 준비가 필요합니다.
재료를 모두 계량한 다음 박력분은 체로 치고, 달걀은 껍데기를 제거합니다. 짤주머니와 볼을 준비하고 오븐은 200℃로 예열합니다.
냄비에 우유와 물, 버터를 넣고 약한 불로 가열하여 버터를 녹입니다. 이때 가장 중요한 포인트는 조금이라도 수분이 증발하지 않도록 버터가 녹은 다음 중간 불로 올려 가장자리가 끓어오를 때까지 가열한 뒤 바로 불을 끄는 것입니다. 불을 끈 다음 박력분을 모두 넣고 주걱으로 섞어 한 덩어리로 뭉칩니다. 다시 약한 불에서 볶듯이 30초 동안 반죽하고 볼로 옮깁니다. 반죽을 볼로 옮기면 냄비에 남아 있는 열기를 피할 수 있어 달걀을 넣어도 익지 않고 부드럽게 섞이지요. 달걀은 반죽에 조금씩 나눠 넣으며 섞어야 합니다.
슈 반죽은 박력분에 열을 가해 호화시킨 다음 달걀을 넣고 섞어야 구웠을 때 충분히 부풀어 오릅니다. 이것이 실패를 방지하는 중요 포인트입니다.
다음의 세 가지를 명심하세요!

1. 정확히 계량합니다.
2. 버터가 녹으면 끓입니다.
3. 박력분을 한 덩어리로 뭉친 다음 약한 불로 가열하여 30초 동안 볶듯이 반죽합니다.

슈 반죽은 버터가 녹으면 끓입니다. 끓이면서 수분이 많이 증발하면 단단한 반죽이 될 수 있으니 주의합니다.

CHOUX CRAQUELINS

큐키슈

큐키슈

슈 반죽 위에 쿠키 반죽을 올려 구운 쿠키슈입니다.
쿠키 반죽 속의 버터가 오븐 안에서 사르르 녹아내리면서
슈를 얇게 감싸 안아 특유의 바삭한 식감을 가진 슈 껍질이 만들어집니다.
속에는 슈와 가장 잘 어울리는 크렘 디플로마트(Crème diplomate)를 채웠습니다.
커스터드크림과 생크림의 장점만을 모아 만든 크림입니다.
크림에 바닐라 에센스를 넣어 향을 더해도 좋지만 이왕이면 바닐라 빈을 사용해 보세요.
더욱 깊고 진한 풍미를 즐길 수 있을 겁니다.

재료 [6개]

<쿠키 반죽>

무염버터 30g
슈가파우더 20g
박력분 30g
시나몬파우더 ½작은술

<크렘 디플로마트>

바닐라 빈(또는 바닐라 에센스 적당량) ½개
우유 250㎖
달걀노른자 3개
설탕 75g
박력분 25g
생크림 100㎖

<슈 반죽>

무염버터 20g
우유 2큰술
물 2큰술
박력분 25g
달걀 1개(50g)

쿠키 반죽 만드는 법

1

볼에 무염버터를 넣고 부드러운 상태가 될 때까지 푼 뒤 슈가파우더, 체로 친 박력분을 넣는다.

2

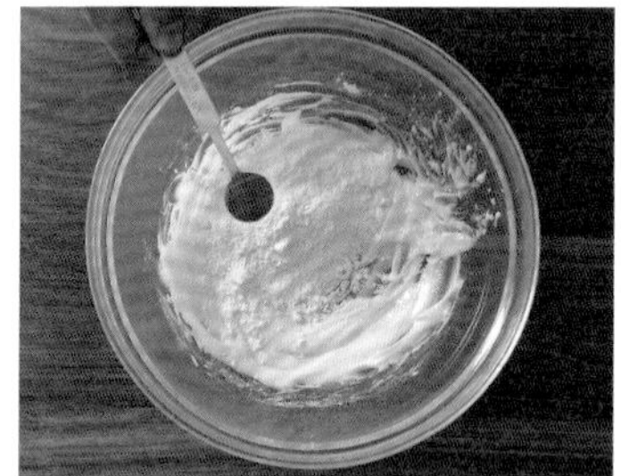

시나몬파우더를 넣고 반죽을 한 덩어리로 뭉친다.

3

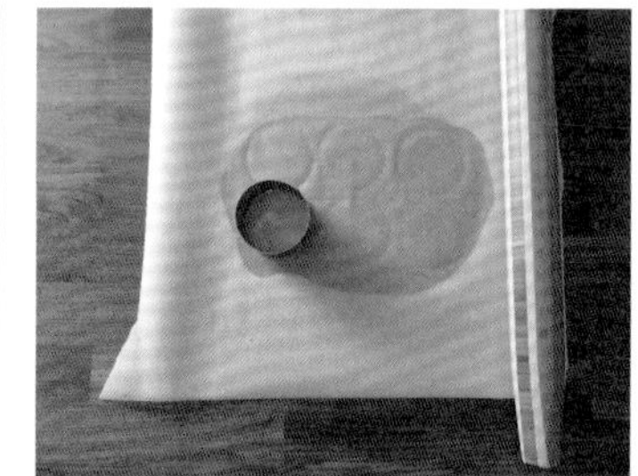

2의 반죽을 납작하게 눌러 펴서 유산지 사이에 넣고 작은 무스 틀 6개 분량의 크기로 밀어 편다.

＊ 지름 6㎝의 작은 무스 틀을 사용한다.

4

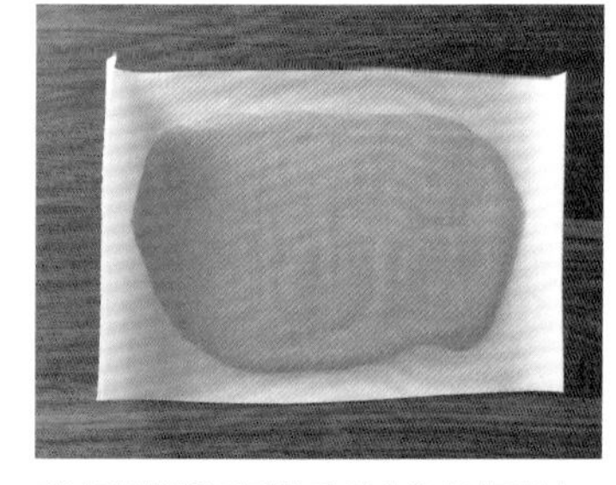

밀어 편 반죽을 평평한 판 위에 올려 냉동한다.

커스터드크림 만드는 법

1

바닐라 빈을 세로로 길게 2등분한 뒤 칼로 씨를 긁는다.

2

냄비에 우유, 바닐라 빈 씨와 껍질을 모두 넣고 가장자리가 살짝 끓어오를 때까지 가열한다.

3

볼에 달걀노른자와 설탕을 넣고 거품기로 골고루 섞는다.

4

박력분을 체로 치며 넣고 골고루 섞은 다음 **2**를 넣고 섞는다.

5

체에 거른 뒤 다시 냄비에 넣는다.

POINT

바닐라 빈 껍질은 체로 걸러 제거한다. 바닐라 빈 대신 바닐라 에센스를 넣어도 좋다.

6

냄비를 불에 올리고 골고루 섞는다.

POINT

커스터드크림 만들기의 중요 포인트는 약간 걸쭉한 상태가 되어도 계속 가열하는 것이다. 가열할수록 크림에 윤기가 돌고 조금씩 부드러워진다. 이 상태가 박력분에 열이 충분히 가해졌다는 증거이다. 가루가 완전히 호화되어야 맛있는 크림이 완성된다.

7

볼에 **6**의 커스터드크림을 넣고 랩을 밀착해 씌운다. 그대로 실온에서 한 김 식힌 뒤 냉장실에 넣는다.

POINT

랩을 밀착해서 씌워야 표면이 마르지 않고 랩 표면에 맺히는 수분이 크림에 들어가는 것을 방지할 수 있다.

슈 반죽 만드는 법

1

냄비에 무염버터, 우유, 물을 넣고 약한 불에서 가열하여 버터를 녹인 뒤 수분이 증발하지 않도록 끓어오르면 바로 불을 끈다.

2

체로 친 박력분을 모두 넣고 주걱으로 반죽을 한 덩어리로 뭉친다. 다시 약한 불로 가열하여 반죽을 30초 동안 볶듯이 섞는다.

3

반죽을 볼에 옮겨 담는다.

뜨거운 냄비에서 볼로 옮겨 담고 달걀을 섞어야 달걀이 익어서 덩어리지지 않는다. 박력분에 열을 가해 익힌 뒤 달걀을 섞어야 슈가 잘 부풀어 오른다.

반죽에 달걀을 조금씩 넣어가며 섞는다.

5

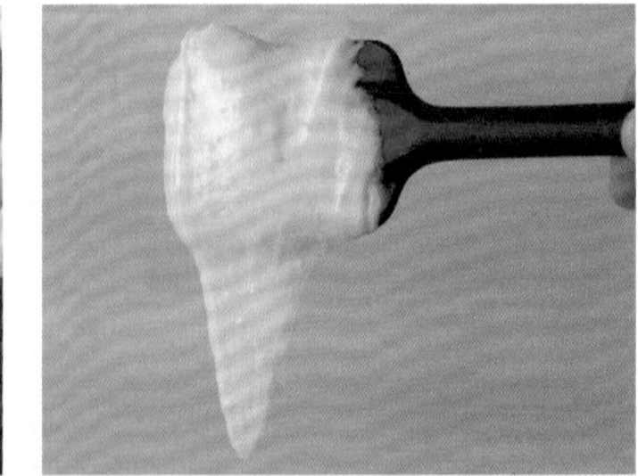

주걱으로 반죽을 들어 올렸을 때 천천히 삼각형 모양으로 흘러내리는 농도가 되어야 가장 좋다.

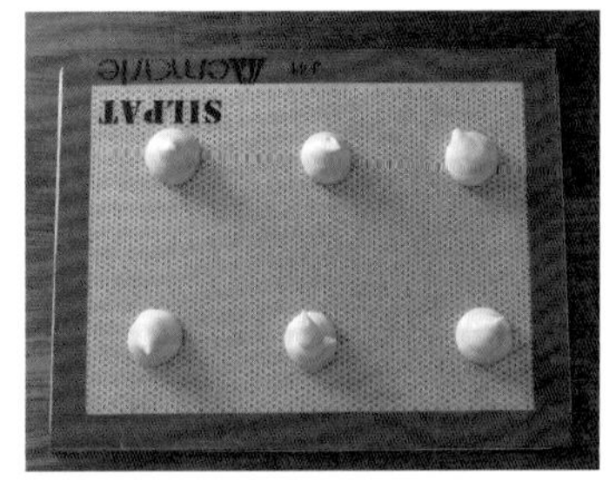

반죽을 짤주머니에 넣고 유산지 또는 실리콘 매트를 깐 오븐 팬 위에 같은 크기로 6개를 짠다.

* 한 번에 일정하게 짜지 않아도 괜찮다. 모자란 반죽은 그 위에 조금 더 짜 크기를 맞춰도 좋다.

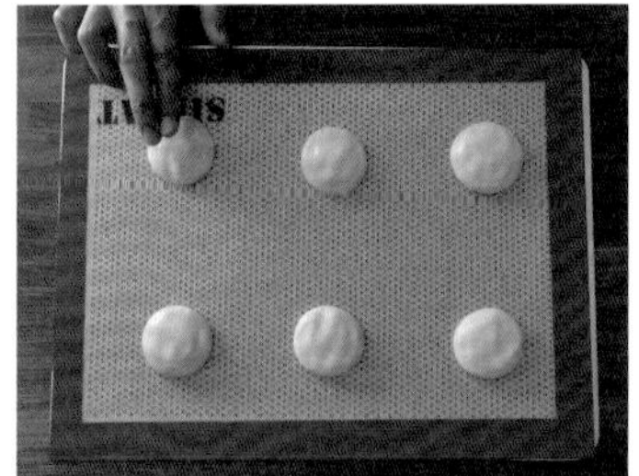

손가락에 물을 묻히고 살며시 눌러 동글납작하게 슈의 모양을 잡는다.

쿠키 반죽을 올리지 않고 그냥 구우면 일반 슈가 된다. 이 경우에는 반죽을 짠 뒤 물을 묻힌 포크로 살며시 눌러 윗부분에 생긴 뿔과 울퉁불퉁한 부분을 정리한다.

쿠키슈 굽는 법

냉동실에서 쿠키 반죽을 꺼낸 뒤 작은 무스 틀로 찍는다.

2

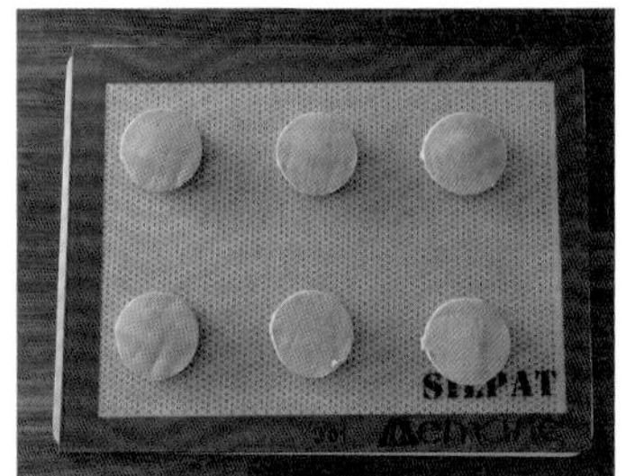

슈 반죽 위에 올린다.

3

200℃로 예열한 오븐에서 15분 동안 구운 뒤 온도를 170℃로 낮추고 15분 더 굽는다. 오븐을 끄고 슈를 오븐에 넣은 상태로 20분 동안 잔열로 익힌다. 오븐에서 꺼내 실온에서 식힌다.

크렘 디플로마트 만드는 법

1

커스터드크림이 완전히 식으면 핸드믹서로 부드럽게 푼다.

2

다른 볼에 생크림을 넣고 핸드믹서로 휘핑한다.

생크림을 단단하게 휘핑해야 커스터드크림과 섞었을 때 크림이 묽어지지 않는다.

1의 커스터드크림에 **2**의 생크림을 2~3회 나누어 넣는다.

4

골고루 섞는다.

완성

1

슈가 완전히 식으면 윗부분을 칼로 살짝 잘라낸다. 크렘 디플로마트를 짤주머니에 넣고 슈 안쪽에 채운다. 또는 슈 바닥에 작은 구멍을 뚫은 뒤 채워도 좋다.

크렘 디플로마트를 채운 슈는 시간이 지날수록 껍질이 눅눅해지니 먹기 직전에 채우는 것이 좋다.

쿠키슈 완성.

Chocolat

초콜릿

일본에서는 밸런타인데이 무렵에 초콜릿 디저트를 가장 많이 만들지만
프랑스에서는 밸런타인데이에 초콜릿을 주고받지 않습니다.
프랑스에서는 이날을 '연인의 날'이라고 부르며 보통 남성들이
장미꽃이나 액세서리, 향수 또는 속옷을 선물합니다.
그리고 대부분 레스토랑에서 둘만의 오붓한 식사를 즐기지요.
프랑스에서 초콜릿이 가장 많이 팔리는 시기는 오히려 4월 부활절 기간입니다.
달걀, 닭, 토끼 모양의 초콜릿이 제과점과 슈퍼마켓에 줄지어 진열된 모습을 볼 수 있습니다.

타원형(카카오콩 모양)의 초콜릿은 잘게 자를 필요가 없어 편리합니다.
제과점에서는 이와 같은 제품을 주로 사용합니다.

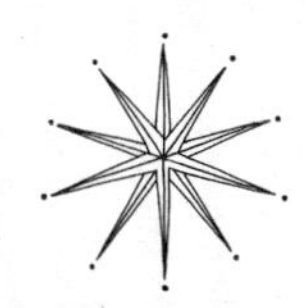

제과에 사용되는 초콜릿 종류

블랙초콜릿

블랙초콜릿, 비터초콜릿, 스위트초콜릿, 플레인초콜릿, 다크초콜릿 등 다양한 이름으로 불리지만 모두 같은 종류의 초콜릿입니다. 이 책에서는 전부 블랙초콜릿이라 지칭합니다. 유제품이 전혀 들어가지 않은 점이 특징이며, 보통 카카오 함량은 40~90%까지 다양합니다. 카카오 함량이 높을수록 카카오 본연의 쌉싸래한 맛이 진하게 느껴지지요. 제과에는 달콤 쌉싸름한 맛을 즐길 수 있는 카카오 함량 50~70%의 블랙초콜릿을 주로 사용합니다.

밀크초콜릿

밀크초콜릿은 이름 그대로 유제품이 들어간 초콜릿입니다. 카카오 함량은 30~40%가 주를 이룹니다. 카카오 함량이 낮아 그냥 먹어도 맛있지만, 베이킹에 사용하면 달걀, 가루재료와 섞이면서 초콜릿 특유의 맛이 연해져 풍미가 부족할 수 있습니다.

커버추어초콜릿

커버추어초콜릿은 카카오버터 함유량이 높은 초콜릿입니다. 밀크, 화이트, 블랙초콜릿 모두 카카오버터가 31% 이상 포함되면 커버추어초콜릿이라 부르지요. 또한 국제식품규격을 통과한 고급 초콜릿을 의미하기도 합니다. 베이킹에는 일반 초콜릿과 동일하게 사용하면 됩니다.

카카오매스, 카카오버터, 카카오 함량이란?

카카오매스는 카카오콩의 껍질을 제거한 뒤 분쇄하여 페이스트 상태로 만든 것입니다. 카카오버터는 카카오콩에서 추출한 식물성 지방입니다. 카카오 함량은 초콜릿 속에 들어있는 카카오매스와 카카오버터 함유량의 총합을 뜻합니다. 예를 들어 초콜릿에 카카오매스가 35%, 카카오버터가 30% 포함되어 있다면 카카오 함량은 65%가 됩니다.

화이트초콜릿_(왼쪽),
밀크초콜릿_(중간),
블랙초콜릿_(오른쪽).

GATEAU CHOCOLAT

가토쇼콜라

RECIPE 16

가토쇼콜라

생초콜릿처럼 입안에서 사르르 녹아내리는 가토쇼콜라입니다.
초콜릿, 생크림, 달걀, 설탕만으로
뚝딱 만들 수 있어 밸런타인데이 선물로 그만이지요.
밀가루가 전혀 들어가지 않아 작은 충격에도 무너질 수 있지만
눈 녹듯 사라지는 부드러운 식감을 자랑합니다.
램킨이나 유리 소재의 작은 내열용기에 반죽을 넣고 구우면
그대로 선물할 수 있는 근사한 미니 케이크가 완성됩니다.
작고 예쁜 용기에 만들어 선물하면 이동 중에 부서질 염려도 없어 안심이지요.
케이크의 두께에 따라 조금씩 차이가 있지만
대략 중탕으로 1시간 정도 굽는 것이 적당합니다.

재료 [18㎝ 원형 틀 1개]

블랙초콜릿(카카오 함량 50~70%) 250g
생크림 200㎖
달걀 4개
그래뉴당 70g
슈가파우더·과일·견과류 적당량

만드는 법

1

원형 틀 안쪽에 녹인 버터(분량 외)를 충분히 바르고 유산지를 깐다.

분리형 틀의 경우 겉면을 알루미늄 포일 두 겹으로 감싸면 따뜻한 물로 중탕할 때 물이 들어가는 것을 방지할 수 있다.

2

볼에 잘게 다진 블랙초콜릿을 넣는다.

* 쌉싸래한 맛의 가토쇼콜라를 만들고 싶다면 카카오 함량 60~70%의 초콜릿을 사용한다.

3

냄비에 생크림을 넣고 살짝 끓인다.

식물성 생크림을 끓이면 분리될 가능성이 있으니 동물성 생크림늘 사용한다.

4

2의 볼에 **3**을 넣고 초콜릿이 녹아서 매끄러워질 때까지 섞는다.

* 초콜릿이 담긴 볼에 생크림을 넣고 전자레인지로 1~2분 동안 가열하여 녹여도 된다.

5

다른 볼에 실온 상태의 달걀과 그래뉴당을 넣는다.

6

핸드믹서로 휘핑한다.

핸드믹서 날로 반죽을 들어 올렸을 때 반죽이 쌓이지 않고 천천히 사라지는 정도로 휘핑한다.

8

4에 **7**의 반죽을 2~3회 나눠 넣으며 주걱으로 섞는다.

9

원형 틀에 윗면이 평평해지도록 반죽을 채운 뒤 틀을 바닥에 2~3회 가볍게 떨어트려 반죽 속에 있는 큰 기포를 뺀다. 높이가 있는 오븐 팬에 따뜻한 물을 채우고 그 안에 원형 틀을 넣는다.

* 따뜻한 물을 오븐 팬의 2~3㎝ 높이로 채운다.

10

150℃로 예열한 오븐에서 30분 동안 중탕으로 굽는다.

11

색이 너무 진할 경우 윗면을 알루미늄 포일로 덮는다. 30분 더 구운 다음 오븐을 끄고 30분 정도 잔열로 익힌다.

12

실온에서 완전히 식힌다.

13

완전히 식으면 유산지 또는 면포 위에 뒤집어 올려 틀에서 꺼낸다.

POINT

유산지나 면포 등을 이용하여 케이크를 틀에서 분리하면 형태가 무너지지 않는다.

14

틀을 분리한 뒤 밑면에 붙어있던 유산지를 떼어 낸다.

15

그 위에 평평한 접시를 올리고 반대로 뒤집는다.

완성

1

기호에 따라 슈가파우더, 과일, 견과류 등을 올려 장식한다.

뜨거운 물에 칼을 담가 따뜻하게 데우면 케이크를 깔끔하게 자를 수 있다. 냉동 보관하고 실온에서 해동한 뒤 잘라 먹는다.

2

가토쇼콜라 완성.

COLUMN

편리한 도구

케이크 틀과 무스 틀

무스 틀은 차갑게 굳히는 디저트를 만들 때 사용합니다. 틀을 쉽게 분리할 수 있으니 무스 틀이 있다면 꼭 사용하기를 권합니다. 애용하는 것은 분리형 케이크 틀입니다. 옆면의 클립식 레버를 통해 틀을 약간 크게 벌려 밑면을 분리할 수 있는 제품이지요. 프랑스의 제과 도구 매장에는 주로 분리형 틀이 판매됩니다. 그러나 밑면 가장자리가 평평하지 않아 케이크를 분리할 때 주의가 필요합니다.

누가글라세·퐁당쇼콜라 등을 만들 때 사용한 작은 무스 틀_(왼쪽), 클립식 레버가 달린 분리형 틀_(오른쪽).

BROWNIES WITH NUTS

너트브라우니

RECIPE 17

너트브라우니

브라우니는 미국의 대표적인 초콜릿 구움과자입니다.
대부분의 브라우니는 초콜릿의 비율이 높으며 견과류가 들어간 사각형 모양으로 만들어집니다.
구움과자이기 때문에 생초콜릿처럼 온도에 민감하지 않고,
실온에 보관할 수 있어 밸런타인데이 선물로 더없이 좋습니다.
만들기도 쉽고 구운 뒤에 필요한 개수만큼 원하는 크기로 자를 수 있는 것도 장점이지요.

재료 [17×23㎝ 사각 틀 1개]

견과류 100g
무염버터 100g
소금 약간
블랙초콜릿 200g
우유 60㎖
그래뉴당 85g
달걀 2개
박력분 60g
무가당 코코아파우더 20g

만드는 법

1

견과류는 150℃로 예열한 오븐에서 10분 동안 굽는다.

2

볼에 무염버터, 소금, 블랙초콜릿을 넣고 중탕으로 녹이거나 전자레인지에서 1분 정도 가열하여 녹인다.

* 이때, 우유도 함께 따뜻하게 데운다.

3

따뜻하게 데운 우유를 넣고 섞은 뒤 그래뉴당, 달걀을 넣고 골고루 섞는다.

POINT

따뜻한 우유를 넣으면 만드는 도중 온도가 내려가 초콜릿과 버터가 굳는 것을 방지할 수 있다.

기호에 따라 다크 럼 또는 브랜디 등의 술을 넣어도 좋다.

4

3에 체로 친 박력분과 코코아파우더를 넣고 가루가 보이지 않을 때까지 섞는다.

5

구운 견과류를 굵게 썬다.

6

4에 견과류의 ½ 분량을 넣고 섞은 뒤 유산지를 깐 틀에 반죽을 채운다.

7

윗면에 나머지 견과류를 골고루 뿌린다.

8

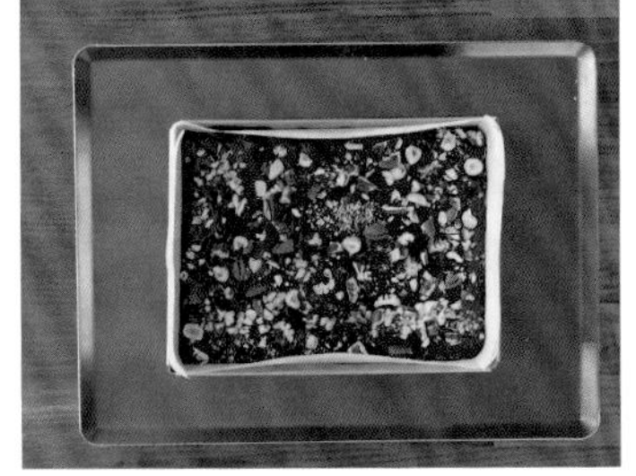

170℃로 예열한 오븐에서 15~20분 동안 굽는다.

POINT

오븐에서 꺼내기 전에 이쑤시개 등으로 반죽을 찔러 익었는지 확인한다. 15분 정도 구우면 촉촉한 식감의 브라우니가 되지만 틀에 따라 덜 익었을 가능성도 있다.

9

한 김 식힌 뒤 12~16등분으로 자른다. 마르지 않도록 랩으로 감싸거나 밀폐용기에 담아 하룻밤 숙성시킨다.

10

너트브라우니 완성.

FONDANT CHOCOLAT

퐁당쇼콜라

RECIPE 18

퐁당쇼콜라

퐁당(Fondant)은 프랑스어로 '녹는다'라는 뜻으로,
퐁당쇼콜라는 세계적으로 폭넓은 사랑을 받는 초콜릿케이크입니다.
프랑스에서는 슈퍼마켓에서도 판매될 정도로 큰 인기를 끌고 있지요.
물론 레스토랑의 대표 디저트 메뉴이기도 합니다.
주문이 들어오면 그때부터 굽기 시작해서 완성된 케이크를 포크로 가르면
뜨거운 초콜릿이 주르륵 흘러나옵니다.
여기에서 소개할 레시피는 식은 뒤에도 다시 데우면
녹진한 식감을 즐길 수 있는 가나슈가 들어간 퐁당쇼콜라입니다.

재료 [6㎝ 무스 틀 또는 램킨 4개]

<가나슈>

생크림 100㎖
물 1큰술
블랙초콜릿 100g

<반죽>

블랙초콜릿 125g
무염버터 125g
그래뉴당 40g
달걀 3개
박력분 45g
소금 약간

만드는 법

1

냄비에 생크림, 물을 넣고 끓기 직전까지 가열한다.

2

볼에 잘게 다진 블랙초콜릿을 넣는다.

3

2의 초콜릿에 **1**을 넣고 섞는다. 초콜릿이 완전히 녹으면 냉장실에서 2시간 정도 굳힌다.

4

3을 랩으로 감싸고 지름 3.5~4㎝의 원형 모양으로 만든 뒤 냉동실에 넣는다.

* 최소 3시간 이상 냉동하는 것이 좋다.

5

볼에 잘게 다진 블랙초콜릿과 무염버터를 넣고 전자레인지에서 1~2분 동안 가열하여 녹인다.

6

녹으면 주걱으로 골고루 섞는다.

7

그래뉴당, 달걀을 넣고 골고루 섞는다.

* 휘핑할 필요가 없으므로 달걀은 그대로 넣고 섞는다.

8

체로 친 박력분과 소금을 넣고 섞는다.

9

가루가 보이지 않을 때까지 주걱으로 섞는다.

10

냉동시킨 **4**의 가나슈를 6등분한 뒤 랩을 벗긴다.

11

램킨 안쪽에 녹인 버터(분량 외)를 바르고 박력분(분량 외)을 뿌린다.

무스 틀을 사용할 경우 안쪽에 유산지를 두른다.

12

9의 반죽을 틀의 50% 정도 채운다.

13

안쪽에 **10**의 가나슈를 넣고 살며시 누른다.

14

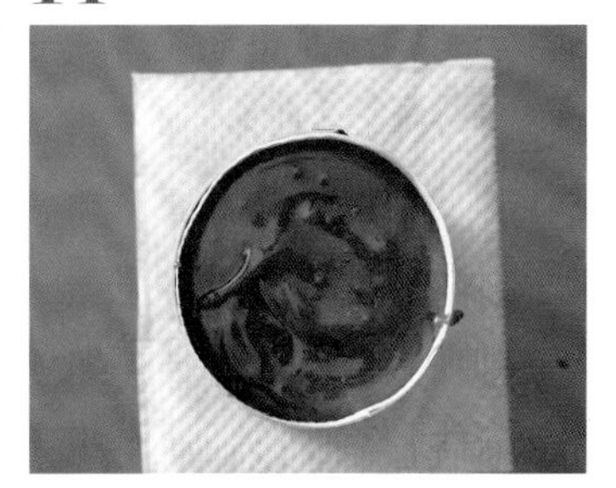

다시 반죽을 채운다.

15

200℃로 예열한 오븐에서 12분 동안 굽는다.

* 굽기를 확인하기 위해 1~2개 먼저 테스트로 구워보면 좋다.

16

실온에서 5분 동안 식히고 틀을 분리한다.

POINT

무스 틀에 구운 퐁당쇼콜라는 스패튤라 등을 사용해 그릇에 옮긴 뒤 틀을 제거하고 유산지를 벗긴다. 램킨을 사용한 경우에는 구운 다음 최소 5분 동안 식히고 거꾸로 뒤집어 꺼낸다.

차가운 퐁당쇼콜라는 먹기 직전에 전자레인지에서 30초 동안 데우면 된다. 냉장실에 온종일 두었어도 데우면 촉촉해진다.

가나슈가 남았다면 냉동 보관하고 생초콜릿처럼 즐겨도 좋다.

쿠키

쿠키는 계절과 상관없이 언제든지 즐길 수 있는 디저트 계의 스테디셀러이지요.
종류도 무척이나 다양합니다.
반죽을 긴 원형으로 만든 뒤 냉동해서 칼로 썰어 굽는 아이스박스쿠키,
반죽을 짤주머니에 넣고 원하는 모양으로 짜서 굽는 드롭쿠키,
반죽을 얇게 밀어 펴고 쿠키커터로 찍어낸 다음 굽는 스냅쿠키 등이 있습니다.
여기에서는 반죽을 작고 동그랗게 만들어 굽는(또는 반죽을 한 스푼씩 떠서 굽는)
아메리칸 스타일의 쿠키 2종류를 소개합니다.

자연스러운 모양이 매력적인 아메리칸 스타일의 쿠키.

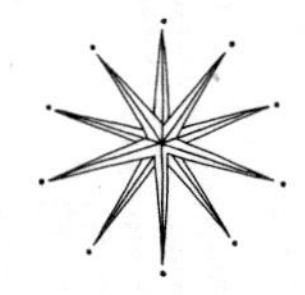

쿠키 만들기에 도전하기 전에

베이킹 초보자에게는 아메리칸 스타일의 쿠키를 추천합니다. 아이스박스쿠키는 만드는 방법이 비교적 간단하지만 깔끔하게 자르기가 다소 힘듭니다. 또 기온이 높으면 반죽이 너무 부드러워 모양을 잡기 어렵지요. 아메리칸 스타일의 쿠키는 매끈하지 않아도 좋을 뿐더러 특유의 바삭바삭한 식감 덕분에 호불호가 적습니다.
성공 노하우는 레시피를 충실히 따르는 것입니다. 정확히 계량하고 만드는 과정을 지켜 주세요. 버터의 양을 너무 줄이거나 낮은 온도로 오래 구우면 쿠키가 딱딱해질 수 있습니다. 높은 온도에서 단시간에 구워야 겉은 바삭하고 속은 부드러운 쿠키를 완성할 수 있습니다.
또한 쿠키에는 소금이 중요합니다. 달게만 느껴지는 단순한 맛은 먹기 어렵거나 질리기 쉽지요. 반죽에 소량의 소금을 넣어 개성을 부여해야 합니다.
잔뜩 만들었다면 밀폐용기에 담아 보관합니다. 단, 3일 이상 보관할 경우에는 냉동해야 맛이 변하지 않습니다. 냉동할 때는 밀폐용기 또는 지퍼백에 담아 주세요.

쿠키커터는 종류가 다양합니다. 자주 사용하는 것은 물결무늬 원형 쿠키커터입니다.

WHITE CHOCOLATE AND MACADAMIA NUT COOKIES

화이트초콜릿마카다미아쿠키

RECIPE

19

화이트초콜릿 마카다미아쿠키

달콤한 화이트초콜릿과 고소한 마카다미아를 듬뿍 넣은 맛있는 쿠키입니다.
첫맛은 바삭하고 씹을수록 부드러운 식감이 특징입니다.
밀크초콜릿이나 아몬드 등 좋아하는 재료로 변형해서 만들어도 좋습니다.
손쉽게 만들 수 있으므로 연인을 위한 특별한 화이트데이 선물로 준비해 보세요.
반죽을 부풀리기 위해 넣은 베이킹파우더는 베이킹소다로 대체 가능합니다.
단, 베이킹파우더 분량의 반만 넣어주세요.

재료 [35g 18개]

무염버터 120g
황설탕 70g
그래뉴당 70g
달걀 1개
바닐라 엑스트랙트 1큰술(또는 바닐라 에센스 4~5방울)
중력분 160g(또는 박력분 80g+중력분 80g)
베이킹파우더 1작은술(또는 베이킹소다 ½작은술)
소금 ½작은술
화이트초콜릿 100g
마카다미아 80g

만드는 법

1

볼에 무염버터를 넣고 전지레인지에서 1분 정도 데워 부드럽게 만든다.

2

황설탕, 그래뉴당, 실온 상태의 달걀을 넣고 골고루 섞는다.

* 설탕은 기호에 따라 흰설탕 또는 키비사토우를 사용해도 좋다.

3

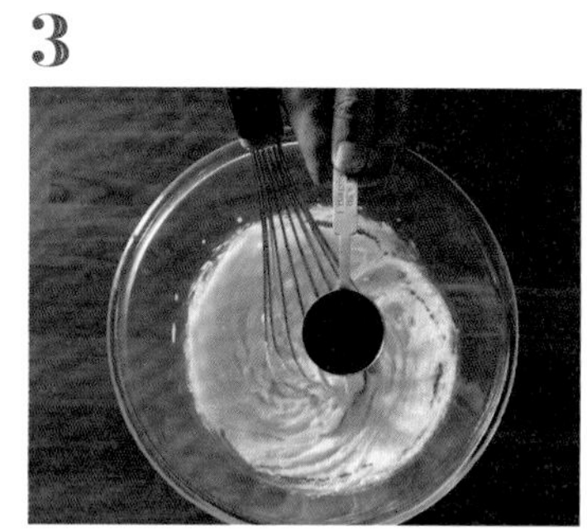

바닐라 엑스트랙트를 넣는다.

4

거품기로 골고루 섞는다.

5

다른 볼에 체 친 중력분, 베이킹파우더, 소금을 넣고 거품기로 골고루 섞는다.

6

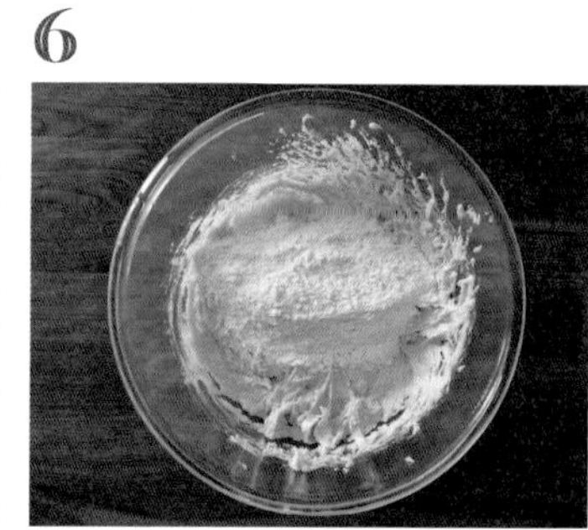

5를 **4**의 볼에 넣는다.

7

주걱으로 반죽을 가볍게 뒤집어가며 섞는다.

8

화이트초콜릿과 마카다미아는 0.5~1㎝ 크기로 썬다.

9

7의 볼에 넣고 가볍게 섞은 뒤 냉장실에 1시간 정도 넣어둔다.

* 반죽을 냉장실에 넣어 차갑게 만들면 빚을 때 반죽이 손에 달라붙지 않는다.

10

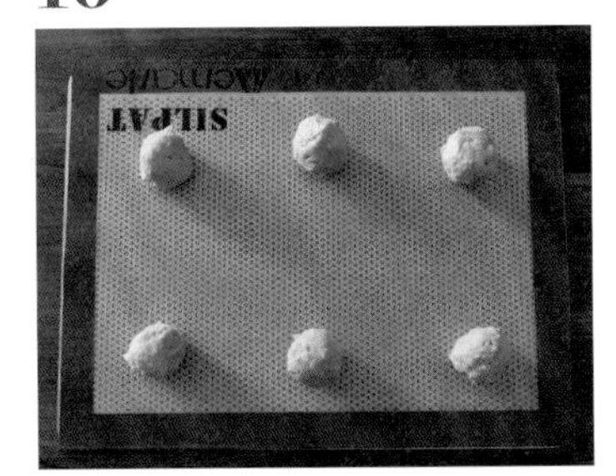

반죽을 35g씩 18개로 분할한 뒤 동그랗게 빚는다. 유산지 또는 실리콘 매트를 깐 오븐 팬 위에 일정한 간격으로 올린다.

* 오븐 팬에 6개 정도 올리면 적당하다.

반죽이 구워지면서 넓게 퍼지므로 간격을 두고 올린다. 버터 함유량이 많아 동그란 볼 형태로 빚어도 구우면 저절로 둥글게 퍼진다.

11

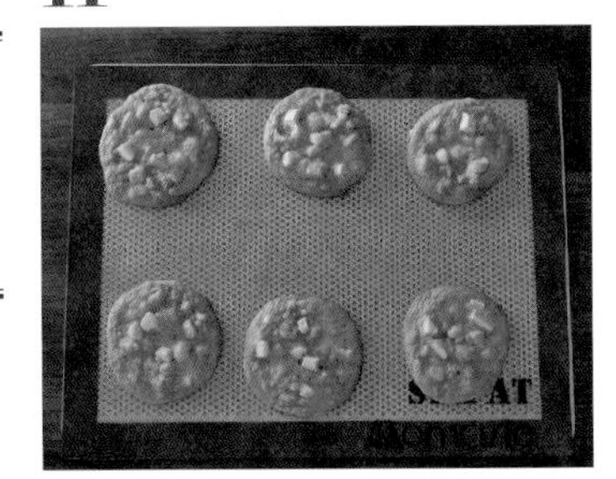

170~180℃로 예열한 오븐에서 10~12분 동안 굽는다.

쿠키 가장자리에 살짝 갈색빛이 돌 때까지 굽는 것이 좋다.

오븐에서 바로 꺼낸 쿠키는 말랑말랑하고 부드러워 덜 구워진 것처럼 보이지만 식을수록 단단해지니 걱정할 필요가 없다. 레시피 그대로 구우면 겉은 바삭하고 속은 부드러운 식감의 쿠키를 만들 수 있다.

쿠키를 구우면 화이트초콜릿과 마카다미아는 반죽 속에 파묻힌다. 견과류가 잘 보이게 만들고 싶다면 구운 뒤 쿠키가 말랑말랑한 상태일 때 윗면에 마카다미아를 올리고 살짝 눌러 주면 된다.

MINI COLUMN **베이킹소다와 베이킹파우더의 차이**

베이킹소다, 베이킹파우더 모두 반죽을 부풀릴 때 사용하는 팽창제입니다. 베이킹소다는 다른 말로 중탄산소다라고도 합니다. 베이킹소다에 열을 가하면 탄산나트륨, 물, 이산화탄소로 분해되며 이때 생성되는 이산화탄소의 힘으로 반죽을 부풀립니다.

베이킹파우더는 베이킹소다에 보조제를 첨가해 소량만 사용해도 효율적으로 탄산가스를 만들어 내도록 개발한 것입니다. 보조제의 도움으로 베이킹소다의 단점인 쓴맛을 보완하여 제품의 맛에 영향을 주지 않지요. 베이킹파우더를 베이킹소다로 대체할 경우 양을 2배로 늘려 사용해야 동일한 팽창력을 낼 수 있습니다.

베이킹소다는 식용인지 확인한 다음 구입해야 합니다. 청소에도 사용할 수 있으니 넉넉히 구입해 두고 다용도로 활용해도 좋습니다.

DOUBLE CHOCOLATE COOKIES

더블초콜릿쿠키

RECIPE 20

더블초콜릿쿠키

밸런타인데이 선물로 제격인 달콤한 초콜릿을 듬뿍 넣은 쿠키입니다.
만드는 방법이 간단해서 베이킹 초보자도 무리 없이 만들 수 있습니다.
포장해서 가져가기도 쉽고 오래 두고 먹을 수 있어서 선물용으로도 안성맞춤이지요.
단맛을 줄이고 쌉쌀한 풍미의 쿠키를 만들고 싶다면
카카오 함량 50% 정도의 블랙초콜릿을 사용하세요.
아몬드 대신 좋아하는 견과류를 넣어 나만의 레시피를 만들어도 좋습니다.

재료 [35g 15개]

무염버터 80g
밀크초콜릿 60g
그래뉴당 120g
달걀 1개
소금 ⅛작은술
박력분 115g
무가당 코코아파우더 15g
베이킹파우더 ⅛작은술
아몬드 60g
밀크초콜릿 60g

만드는 법

1

볼에 무염버터와 밀크초콜릿을 넣는다.

2

1을 전자레인지에 넣고 1분 정도 가열한다.

3

거품기로 골고루 섞어 초콜릿을 녹인다.

4

그래뉴당, 달걀을 넣는다.

거품기로 골고루 섞는다.

소금을 넣는다.

5

체로 친 박력분, 코코아파우더, 베이킹파우더를 넣는다.

6

가루가 보이지 않을 때까지 주걱으로 골고루 섞는다.

7

아몬드, 밀크초콜릿을 굵게 다진다.

8

장식용 아몬드와 밀크초콜릿을 제외한 나머지 재료를 모두 **6**의 볼에 넣고 섞는다.

9

반죽을 35g씩 15개로 분할한 뒤 동그랗게 빚는다. 유산지 또는 실리콘 매트를 깐 오븐 팬 위에 일정한 간격으로 올린다.

* 반죽은 손으로 살짝 눌러 둥글납작한 모양으로 만든다.
* 오븐 팬 1개당 8개 정도 올리는 것이 적당하다.

10

장식용 아몬드와 초콜릿을 윗면에 올려 살짝 누른 다음 170℃로 예열한 오븐에서 10~15분 동안 굽는다.

POINT

10분 동안 구우면 부드러운 쿠키, 15분 동안 구우면 바삭한 쿠키가 된다. 좋아하는 식감에 따라 굽는 시간을 조절한다.

Fruit

과일 디저트

제철 과일로 만든 디저트는 계절의 풍미가 느껴지는 건강한 맛으로 사랑받고 있지요.
프랑스 사람들이 가장 좋아하는 과일은 프랑브와즈로
어느 제과점에 가든 프랑브와즈가 들어간 디저트를 만날 수 있습니다.
과일을 고를 때는 신선도는 물론 잘 숙성된 맛있는 과일인지 알아보기 위해 만져보고 싶을 때가 있습니다.
그러나 과일 선택은 전문가에게 부탁하는 것이 어떨까요.
과일을 고르다 무심결에 상처를 내는 경우도 있기 때문이지요.
프랑스의 마르쉐(시장)에서는 점원에게 필요한 과일을 설명하면 딱 알맞은 과일을 골라줍니다.

좋아하는 제철 과일로 베이킹을 즐겨 보세요.

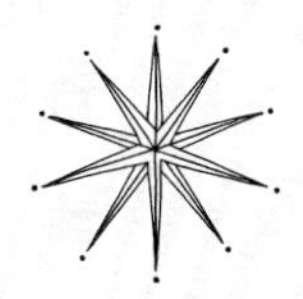

제과에 어울리는 과일 선택법

사과

가토인비저블을 포함해 다양한 제과에 사용하는 사과. 프랑스에서는 계절과 상관없이 언제든 사과를 살 수 있습니다. 제철에는 10여 종의 사과가 진열대에 늘어서기도 하지요. 걸어가면서, 지하철 안에서, 직장에서 사과를 껍질째 먹는 사람들을 종종 볼 수 있습니다. 인비저블에는 산미가 적고 씹었을 때 부드러운 식감의 사과가 어울립니다.
일본이라면 골든딜리셔스, 시나노골드, 오우린 품종의 사과를 추천합니다. 프랑스에서는 폼골든, 한국에서는 황옥으로 만들면 가장 맛있습니다. 하지만 타르트타탄같이 달콤한 반죽에는 새콤달콤한 홍옥을 사용하는 것이 좋습니다.

딸기

레어치즈케이크, 밀푀유에는 프랑스에서 가장 유명한 딸기 품종인 가리게트를 사용했습니다. 길고 좁은 형태를 띠며 속까지 새빨간 과육과 달콤한 과즙이 특징이지요. 밀푀유를 만들 경우에는 단맛과 산미의 밸런스가 우수한 딸기가 좋습니다. 일본에서는 토치오토메, 한국에서는 매향을 추천합니다.

체리

인기 디저트 중의 하나인 체리클라푸티(Clafoutis). 여기에 사용되는 체리는 일본에서 즐겨 먹는 새빨간 체리가 아니라 아메리칸 체리처럼 검붉은 색을 띤 단맛이 강한 품종이 대부분입니다. 일본과 한국에서는 수입 품종인 워싱턴 체리로 만들면 됩니다.

궁합이 좋은 과일

일반적으로 콩포트에는 서양배와 복숭아, 타르트에는 서양배, 사과, 프랑브와즈, 딸기 등을 즐겨 사용합니다. 무스에는 프랑브와즈, 패션프루트, 망고를 주로 사용하지요. 패션프루트와 프랑브와즈는 초콜릿과 잘 어울립니다. 바나나와 파인애플은 프라이팬에 구운 뒤 캐러멜소스를 곁들여 디저트로 즐겨도 좋으며, 파인애플은 타르트타탄을 만들 때 사과 대신 사용해도 맛있습니다. 또한 제과에 파인애플이나 키위를 넣으면 과일 효소가 단백질을 분해하여 굳지 않는 경우가 있으니 한 번 가열하거나 통조림 제품을 사용할 것을 추천합니다.

MILLEFEUILLE AUX FRAISES

딸기밀푀유

RECIPE

21

딸기밀푀유

일본에서도 많은 사람의 마음을 사로잡은 밀푀유.
프랑스어로 밀(Mille)은 '천 겹', 푀유(Feuilles)는 '잎사귀'란 뜻으로
여러 겹의 페이스트리 사이에 필링과 과일을 번갈아 포개 넣어 이와 같은 이름이 붙었습니다.
간혹 밀푀유를 밀피유로 발음하는 사람들이 있는데 피유(Fille)는
'여자아이'란 의미로 자칫 잘못하면 천 명의 여자아이가 될 수 있으니 주의하세요.
시판 파이 시트를 사용하면 프랑스인들이 사랑해 마지않는
정통 디저트 밀푀유를 손쉽게 만들 수 있습니다.

재료 [6개]

〈커스터드크림〉
우유 400㎖
달걀노른자 4개
그래뉴당 100g
옥수수 전분 35g
바닐라 엑스트랙트 1큰술(또는 바닐라 에센스 4~5방울)

파이 반죽(또는 시판 파이 시트) 200~230g
딸기 200g
생크림 50㎖
그래뉴당 5g

커스터드크림 만드는 법

1

냄비에 우유를 넣고 가장자리가 살짝 끓어오를 때까지 가열한다.

2

볼에 달걀노른자와 그래뉴당을 넣는다.

3

거품기로 골고루 섞는다.

4

옥수수 전분을 넣고 골고루 섞는다.

5

1의 우유를 조금씩 흘려 넣으며 섞는다.

6

재료가 잘 섞이도록 거품기로 고루 섞는다.

7

다시 냄비에 넣고 가열한다.

8

냄비 바닥에 크림이 눌어붙지 않도록 주걱으로 잘 저어주며 가열한다.

밑에서부터 열이 올라와 냄비 바닥과 가장자리의 크림이 타기 쉬우므로 주걱으로 골고루 저어가며 가열한다.

9

끓어오르면 주걱으로 저어가며 30초 동안 더 끓인다. 바닐라 엑스트랙트를 넣고 크림이 매끄러운 상태가 될 때까지 저어가며 끓인다.

POINT

걸쭉한 농도의 크림을 가열하면 아래는 끓어올라도 위쪽은 온도가 낮아 가루 재료가 완전히 호화되지 않을 수 있으니 주의한다. 이때, 충분히 열을 가해야 점성이 있는 부드러운 크림이 완성된다.

10

볼에 커스터드크림을 넣고 마르지 않도록 랩을 밀착해 씌운다. 그대로 실온에서 한 김 식힌 뒤 냉장실에 넣어 차갑게 식힌다.

반죽 만드는 법

1

파이 반죽을 오븐 팬 크기만큼 밀대로 밀어 펴고 그래뉴당(분량 외)을 골고루 뿌린 뒤 오븐 팬 위에 올린다.

2

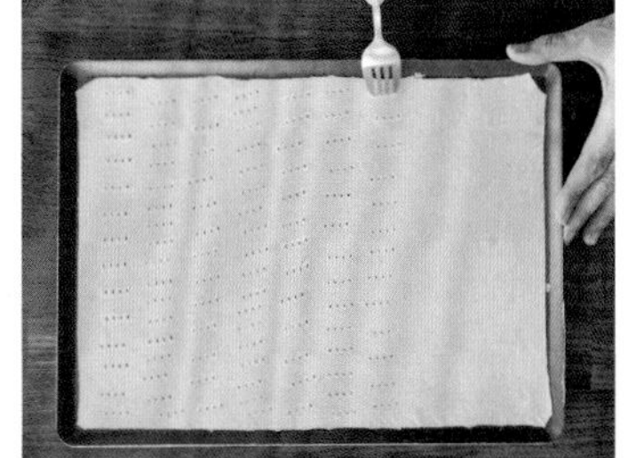

포크로 반죽 위에 골고루 구멍을 낸다. 180℃로 예열한 오븐에서 10분 동안 굽는다. 윗면에 알루미늄 포일을 깔고 팬을 올린 다음 10분 더 굽는다.

POINT

시판 파이 시트는 너무 부풀지 않도록 포크로 공기구멍을 내고, 굽는 시간의 절반이 지난 뒤 윗면에 알루미늄 포일을 깔고 오븐 팬을 올려 구우면 평평하게 완성할 수 있다.

3

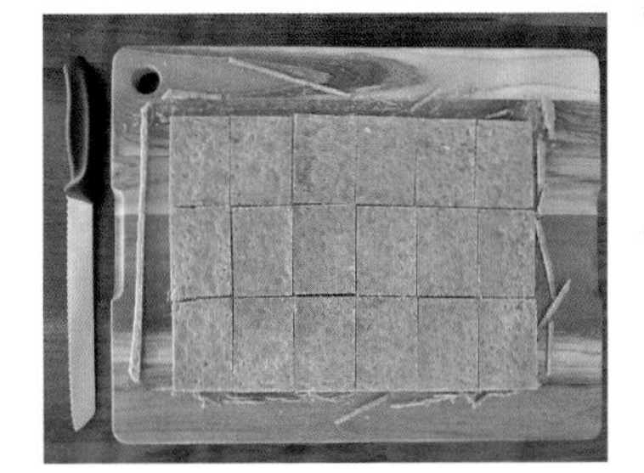

파이 반죽이 식으면 가장자리를 직선으로 자른 뒤 짧은 쪽을 3등분, 긴 쪽을 6등분으로 나눈다.

POINT

파이 반죽은 톱니 모양의 빵칼(사진 왼쪽 칼)로 손에 힘을 빼고 위아래로 움직여 썰면 깨끗하게 자를 수 있다.

완성

1

차갑게 식힌 커스터드크림을 핸드믹서로 부드럽게 풀어준 뒤 짤주머니에 넣는다.

2

딸기는 세로로 얇게 슬라이스한다. 파이 반죽 위에 커스터드크림을 짜고 딸기를 올린다.

3

다시 커스터드크림, 파이 반죽 순으로 쌓는다. 이 과정을 한 번 더 반복한다.

4

윗면에 슈가파우더(분량 외)를 뿌린다. 생크림에 그래뉴당을 넣고 80% 정도로 휘핑한 뒤 짤주머니에 넣어 윗면에 동그랗게 짠다. 딸기를 올려 장식한다.

COLUMN

편리한 도구

일본 요리용 칼

오랫동안 사용한 칼을 소개합니다. 사진의 왼쪽부터 프티나이프, 우도(정육용 칼), 스지히키(슬라이스용 칼)이며 모두 일본 제품(미소노, 글레스텐, 쓰바야)입니다.
프티나이프는 섬세한 작업에 사용하는데 과일을 깨끗하게 썰 때도 좋습니다. 우도는 채소, 고기, 생선을 자를 때 사용하는 만능 칼입니다. 얇고 긴 스지히키는 고기, 생선, 햄을 슬라이스하며 고기의 근육을 제거하고 생선 비늘을 벗길 때 사용합니다.
가장 오른쪽에 있는 샤프닝 스틸(칼갈이 봉)은 칼이 조금 무뎌졌을 때 필요합니다. 하지만 제대로 칼을 갈 때는 숫돌을 애용합니다.
프티나이프와 스지히키는 각각 15년 정도 사용했습니다. 프랑스에서도 일본산 요리용 칼을 사용하는데 그 이유는 날이 쉽게 무디어지지 않고 깨끗하게 썰리기 때문이지요.
딸기밀푀유 등 파이 반죽을 깨끗하게 자를 때는 톱니 모양의 빵용 칼이 가장 좋습니다. 현재 사용하는 칼은 프랑스 제품입니다.

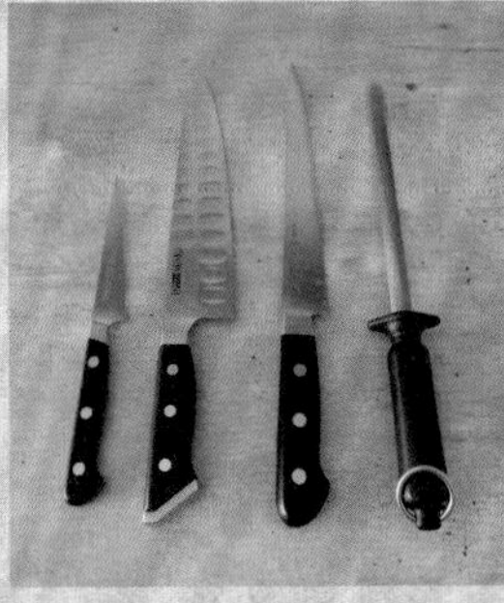
(왼쪽부터) 애용하는 프티나이프, 우도, 스지히키, 샤프닝 스틸.

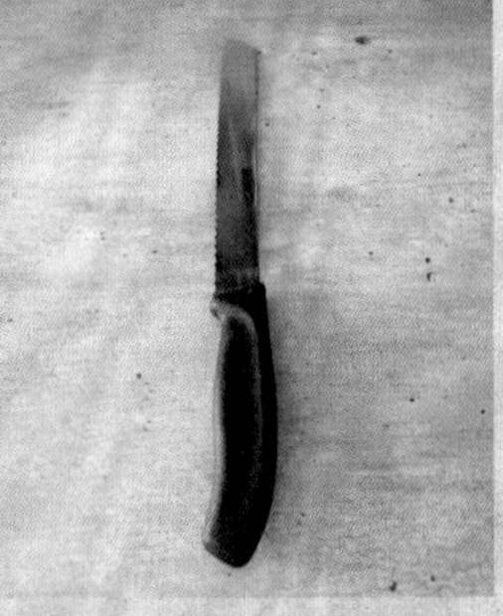
밀푀유를 자를 때 쓰는 빵칼.

CLAFOUTIS AUX CERISES

체리클라프티

RECIPE

22

체리클라프티

초여름을 맞아 체리 수확이 시작되면
프랑스 가정에서는 체리클라프티를 만들기 시작합니다.
그릇에 체리를 옹기종기 넣고 달걀, 설탕, 밀가루 등으로 만든 반죽을 부어
오븐에 굽기만 하면 되는 심플한 디저트이지요.
체리 대신 딸기, 사과, 바나나 등을 넣어 만들어도 맛있습니다.
남녀노소 모두가 좋아하는 소박한 맛이 매력 포인트입니다.

재료 [21~22㎝ 원형 내열 용기 1개]

그래뉴당 80g
달걀 2개
소금 약간
박력분 50g
무염버터 녹인 것 20g
우유 200㎖
생크림 50㎖
바닐라 엑스트랙트 1큰술(또는 바닐라 에센스 4~5방울)
키르쉬 1큰술
체리 40개

만드는 법

1

볼에 그래뉴당, 달걀, 소금을 넣고 섞는다.

2

체로 친 박력분을 넣고 골고루 섞는다.

3

무염버터를 넣는다.

4

우유, 생크림, 바닐라 엑스트랙트를 넣고 거품기로 골고루 섞는다.

5

키르쉬를 넣고 섞는다.

키르쉬(Kirsch)는 체리를 발효시킨 다음 증류하여 만든 브랜디이다. 향이 뛰어나 베이킹에 자주 사용된다. 스펀지케이크에 바르는 시럽에 넣거나 커스터드크림에 넣으면 풍미가 좋아진다.

6

체리의 씨를 제거한다.

* 체리 피터가 있으면 편리하지만 없을 때는 작은 포크를 사용해도 좋다.

7

원형 내열 용기 안쪽에 녹인 버터(분량 외)를 바르고 체리를 넣은 뒤 5의 반죽을 채운다.

8

180℃로 예열한 오븐에 넣고 45분 동안 구운 뒤 실온에서 식힌다.

9

체리클라프티 완성. 먹기 좋은 크기로 나눈다.

POINT

기호에 따라 슈가파우더(분량 외)를 적당량 뿌려도 좋다.

약간 따뜻할 때 먹어도 맛있고, 냉장실에 넣고 완전히 식힌 다음 먹어도 맛있다.

MINI COLUMN **체리 씨 제거기**

체리클라프티처럼 많은 양의 체리를 손질할 경우, 전용 도구인 체리 피터를 사용하면 편리하다. 또는 프랑스에서 많이 사용하는 레코놈(L'econome) 사의 필러 에코놈을 이용하거나 게살을 바르는 포크로도 씨를 제거할 수 있다.

체리 피터_(왼쪽),
편리한 필러 에코놈_(오른쪽).

Emojoie Cuisine

Sweets Recipe